"十三五"高等职业教育规划教材

无线智能系统组建与调试

贾 跃 编著

中国铁道出版社有限公司

CHINA RAILWAY PUBLISHING HOUSE CO., LTD.

内 容 简 介

物联网把感应器嵌入到电网、铁路、建筑等各种物体中,并与现有互联网整合起来。在整合网络中,依靠计算机群对网络内的人员、设备及基础设施进行实时管理与控制,达到"智慧"状态。随着无线通信技术和设备的发展,特别是智能终端的出现,感应器摆脱了线缆的束缚,以射频识别和无线通信为基础的无线智能系统得到了广泛应用,满足了人们对移动生活的要求,推动了物联网的发展。

本书从基础知识入手,循序渐进地讲述了无线智能系统相关知识,内容涵盖移动互联技术基础、安卓应用程序设计、通信模块数据配置、组建危险报警系统、组建安防消防系统、组建视频监控系统等内容。以无线智能系统组建与调试案例为载体,强化知识和技能在实际工作中的应用,读者可边学习边实践,以积累工程经验。

本书适合作为高等院校物联网及相关专业学生的教材,也可作为物联网行业中从事系统集成与测试的工程技术人员的参考用书。

图书在版编目(CIP)数据

无线智能系统组建与调试/贾跃编著. —北京:中国铁道出版社有限公司,2019.5
"十三五"高等职业教育规划教材
ISBN 978-7-113-25676-0

Ⅰ. ①无… Ⅱ. ①贾… Ⅲ. ①智能系统-建设-高等职业教育-教材 ②智能系统-调整试验-高等职业教育-教材 Ⅳ. ①TP18

中国版本图书馆 CIP 数据核字(2019)第 063032 号

书　　名:无线智能系统组建与调试	
作　　者:贾　跃	

策　　划:翟玉峰		读者热线:(010)63550836
责任编辑:翟玉峰　冯彩茹		
封面设计:付　巍		
封面制作:刘　颖		
责任校对:张玉华		
责任印制:郭向伟		

出版发行:中国铁道出版社有限公司(100054,北京市西城区右安门西街 8 号)
网　　址:http://www.tdpress.com/51eds/
印　　刷:三河市航远印刷有限公司
版　　次:2019 年 5 月第 1 版　　2019 年 5 月第 1 次印刷
开　　本:787 mm×1 092 mm　1/16　印张:13　字数:311 千
书　　号:ISBN 978-7-113-25676-0
定　　价:36.00 元

物联网（Internet of Things，IoT）是新一代信息技术的重要组成部分，也是信息化时代的重要发展阶段。顾名思义，物联网就是物物相连的互联网。以互联网为基础，物联网将用户端延伸和扩展到了任何物品与物品之间，进行信息传输与交换，实现了物物相息。通过感知技术、识别技术和通信技术，物联网广泛应用于网络的融合中，因此被称为继计算机、互联网之后世界信息产业发展的第三次浪潮。物联网是互联网的应用拓展，与其说是网络，不如说是业务和应用。因此，以用户体验为核心的应用创新是物联网发展的灵魂。

物联网用途广泛，遍及智能交通、环境保护、政府工作、公共安全、平安家居、智能消防、工业监测、老人护理、个人健康、花卉栽培、水系监测、食品溯源等诸多领域。物联网把感应器嵌入到电网、铁路、桥梁、隧道、公路、建筑、供水系统、大坝、油气管道等各种物体中，并与现有的互联网整合起来。在这个整合的网络中，存在能力强大的计算机群，能够对网络内的人员、机器、设备及基础设施进行实时管理与控制，达到"智慧"状态，提高资源利用率和生产力水平，改善人与自然间的关系。随着无线通信技术和设备的发展，特别是智能终端的出现，感应器摆脱了线缆的束缚，以射频识别和无线通信为基础的无线智能系统得到了广泛应用，满足了人们对移动生活的要求，推动了物联网的发展。

本书循序渐进地讲述了无线智能系统相关知识。以此为基础，重点阐述了无线智能系统的设计、组建和调试方法。全书共 6 个单元，单元 1 介绍了物联网的基本概念、无线通信技术和无线智能系统设计软件；单元 2 介绍了 Android 应用程序设计方法；单元 3 详细阐述了智能终端和 ZigBee、蓝牙、射频等通信模块的配置指令及参数配置步骤；单元 4 介绍了危险报警系统的设计与仿真、设备安装与连接以及功能实现与调试；单元 5 介绍了安防消防系统的设计与仿真、设备安装与连接以及功能实现与调试；单元 6 介绍了视频监控系统的设计与仿真、设备安装与连接以及功能实现与调试，对无线摄像头和无线路由器的配置进行了重点说明。

本书由北京信息职业技术学院贾跃编著。在编写过程中得到了中国铁道出版社有限公司的大力支持，在此深表感谢。同时，还要感谢所有在本书写作过程中给予指导、帮助和鼓励的朋友，正是他们的付出，才使本书得以顺利完成。由于编者水平有限，书中难免存在疏漏与不足之处，欢迎广大读者批评指正。

编　者
2019 年 1 月

单元 1

→ 移动互联技术基础

【学习目标】
- 了解物联网的概念与应用。
- 熟悉各种短距离无线通信技术。
- 了解移动通信技术的发展和特点。
- 掌握移动互联系统设计软件的使用方法。

任务 1.1 学习无线通信技术

1.1.1 物联网的概念与应用

1. 物联网的基本概念

早在 1999 年，我国就提出了物联网（Internet of Things，IoT）的概念。当时称为传感网，其定义是：通过射频识别（RFID）、红外感应器、全球定位系统、激光扫描器等信息传感设备，按约定的协议，把任何物品与互联网相连接，进行信息交换和通信，以实现智能化识别、定位、跟踪、监控和管理的一种网络。

物联网这个词，国内外普遍公认的是由 MIT Auto-ID 中心的 Ashton 教授在 1999 年研究 RFID 时最早提出来的。在 2005 年国际电信联盟（ITU）发布的报告中，物联网的定义有了较大的拓展，不再只基于 RFID 技术，而是利用互联网等通信技术把传感器、控制器、机器、人员和物等联系在一起，形成人与物、物与物相联，实现信息化、远程管理控制和智能化的网络。物联网是互联网的延伸，它包括互联网及互联网上所有的资源，兼容互联网所有的应用。简单说，物联网就是把所有物品通过信息传感设备与互联网连接起来，以实现智能化识别和管理的网络。

物联网是新一代信息技术的重要组成部分，也是信息化时代的重要发展阶段。顾名思义，物联网就是物物相连的互联网。这包含两层意思：其一，物联网的核心和基础仍然是互联网，是在互联网基础上延伸和扩展形成的网络；其二，用户端延伸和扩展到了任何物品与物品之间，进行信息交换和通信，也就是物物相息。物联网通过智能感知、识别技术与普适计算等通信感知技术，广泛应用于网络的融合中，所以也被称为继计算机、互联网之后世界信息产业发展的第三次浪潮。物联网是互联网的应用拓展，与其说物联网是网络，不如说物联网是业务和应用。因此，应用创新是物联网发展的核心，以用户体验为核心的创新是物联网发展的灵魂。

1

2. 物联网的结构层次

物联网应该具备 3 个特征，一是全面感知，即利用 RFID、传感器、二维码等设备随时随地获取物体的信息；二是可靠传递，即通过各种传感网络与互联网的融合，将物体当前的信息实时准确地传递出去；三是智能处理，即利用云计算、模糊识别等各种智能计算技术，对海量数据和信息进行分析和处理，对物体实施智能化的控制。与之对应，物联网具有 3 个层次，底层是用来感知数据的感知层，中层是数据传输处理的网络层，上层则是与行业需求结合的应用层，如图 1-1 所示。

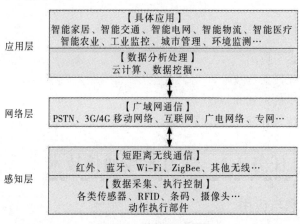

图 1-1 物联网的结构

1）感知层

感知层是物联网的"皮肤"和"五官"，用于识别物体、采集信息。感知层包括二维码标签和识读器、RFID 标签和读写器、摄像头、GPS、传感器、M2M 终端、传感器网关等，主要功能是识别物体、采集信息，与人体结构中皮肤和五官的作用类似。

感知层解决的是人类世界和物理世界的数据获取问题。它首先通过传感器、数码照相机等设备采集外部物理世界的数据，然后通过 RFID、条码、工业现场总线、蓝牙、红外等短距离传输技术传递数据。感知层所需要的关键技术包括检测技术、短距离无线通信技术等。

对于目前应用较多的 RFID 网络来说，附着在设备上的 RFID 标签和用来识别 RFID 信息的扫描仪、感应器都属于物联网的感知层。在这一类物联网中被检测的信息就是 RFID 标签的内容，现在的电子不停车收费系统（Electronic Toll Collection，ETC）、超市仓储管理系统、飞机场行李自动分类系统等都属于这一类结构的物联网应用。

2）网络层

网络层是物联网的"神经中枢"和"大脑"，用于传递和处理信息。网络层包括各种通信网络、网络管理中心、信息中心和智能处理中心等。网络层将感知层获取的信息进行传递和处理，类似于人体结构中的神经中枢和大脑。

网络层解决的是传输和预处理感知层所获得数据的问题。这些数据可以通过移动通信网、互联网、企业内部网、各类专网、小型局域网等进行传输。特别是在三网融合后，有线电视网也能承担物联网网络层的功能，有利于物联网的加快推进。网络层所需要的关键技术包括长距离有线和无线通信技术、网络技术等。其中，感知数据管理与处理是实现以数据为中心的物联网的核心技术，包括传感网数据的存储、查询、分析、挖掘和理解，以及基于感知数据决策的理论与技术。云计算平台作为海量感知数据的存储、分析平台，是网络层的重要组成部分，也是应用层众多应用的基础。在产业链中，通信网络运营商和云计算平台提供商将在物联网网络层占据重要的地位。

物联网的网络层建立在现有的移动通信网和互联网基础之上，通过各种接入设备与移动通信网和互联网相连，例如手机付费系统中由刷卡设备将内置于手机中的 RFID 信息采集上传到互联网，网络层完成后台鉴权认证，并从银行网络划账。

3）应用层

应用层是物联网的"社会分工"，结合行业需求，实现广泛智能化。它是物联网与行业专业技术的深度融合，依据需求实现行业智能化，这类似于人的社会分工。应用层利用经过分析处理的感知数据，为用户提供丰富的特定服务。这些应用服务可分为监控型（物流监控、污染监控）、查询型（智能检索、远程抄表）、控制型（智能交通、智能家居、路灯控制）和扫描型（手机钱包、高速公路不停车收费）等。

应用层解决的是信息处理和人机交互的问题。网络层传输而来的数据在这一层进入各类信息系统进行处理，并通过各种设备与人进行交互。应用层可按形态划分为两个子层。一个是应用程序层，用于数据处理，涵盖了国民经济和社会的各个领域，包括电力、医疗、银行、交通、环保、物流、工业、农业、城市管理、家居生活等，其功能包括支付、监控、安保、定位、盘点、预测等，可用于政府、企业、社会组织、家庭或个人。这正是物联网作为深度信息化的重要体现。另一个是终端设备层，提供人机接口。物联网虽是"物物相连的网络"，但最终要以人为本，仍然需要人的操作与控制。这里所说的人机交互是指包括计算机在内的各种设备和人之间的交互。

应用层是物联网发展的体现，软件开发、智能控制技术将会为用户提供丰富多彩的物联网应用。各种行业和家庭应用的开发推动了物联网的普及，也给整个产业链带来了丰厚利润。

3. **物联网的应用领域**

物联网用途广泛，遍及智能交通、环境保护、政府工作、公共安全、平安家居、智能消防、工业监测、环境监测、路灯照明管控、景观照明管控、楼宇照明管控、广场照明管控、老人护理、个人健康、花卉栽培、水系监测、食品溯源、敌情侦查和情报搜集等多个领域。

物联网把新一代互联网技术充分运用在各行各业之中，具体地说，就是把感应器嵌入和装备到电网、铁路、桥梁、隧道、公路、建筑、供水系统、大坝、油气管道等各种物体中，然后与现有的互联网技术结合起来，实现人类社会与物理系统的整合。在这个整合的网络中，存在着能力超级强大的中心计算机群，能够对网络内的人员、机器、设备和基础设施进行实时管理和控制。在此基础上，人类可以用更加精细和动态的方式管理生产及生活，达到"智慧"状态，提高资源利用率和生产力水平，改善人与自然间的关系。

1.1.2 短距离无线通信技术

随着互联网技术、计算机技术、通信技术和电子技术的飞速发展，无线网络逐渐走入人们的眼帘，在有线网络技术已经发展成熟的今天，无线网络表现出了巨大的潜力。人们提出了"物联网"的概念，在人和环境融为一体的模式下，能够在任何时间和地点，以任何方式获取并处理信息。无线组网通信发展迅速的原因，不仅是由于技术已经达到可驾驭和可实现的高度，更是因为人们对信息随时随地的获取和交换的迫切需要。在技术成熟度、成本、可靠性及实用性等各方面的综合考虑下，短距离无线通信技术成为当今的热点。短距离无线通信与长距离无线通信的主要区别包括发射功率低（几微瓦到几百微瓦）、数据传输距离近（几厘米到几百米）、无线覆盖范围小、不用申请无线频道、使用频繁等。

典型的短距离无线通信系统基本包括一个无线发射器和一个无线接收器。目前使用较广泛的短距离无线通信技术是蓝牙（Bluetooth）、无线局域网 802.11（Wi-Fi）和红外数据传输（IrDA）。同时，还有一些具有发展潜力的技术标准，它们分别是 ZigBee、超宽频（Ultra WideBand）、短距通信（NFC）、WiMedia、GPS、DECT 和专用无线系统等。它们都有其立足的特点，或基于传输速度、距离、耗电量的特殊要求；或着眼于功能的扩充性；或符合某些单一应用的特别要求；或建立技术竞争的差异化等。但是没有一种技术可以完美到足以满足所有的需求。

1. 红外传输技术

红外线数据协会（Infrared Data Association，IrDA）成立于 1993 年，致力于建立红外线数据通信标准。IrDA 规范是一种利用红外线进行点对点的数据传输协议，通信距离一般在 0～1 m 之间，传输速度最快可达到 16 Mbit/s，通信介质为波长 900 nm 左右的近红外线。

IrDA 传输具有小角度、短距离、直线数据传输、保密性强及传输速率较高等特点，适于传输大容量的文件和多媒体数据。并且无须申请频率的使用权，成本低廉。IrDA 已被全球范围内的众多厂商采用，目前主流的软硬件平台均提供对它的支持。

尽管 IrDA 技术免去了线缆，使用起来仍然有许多不便。实际应用中由于红外线具有很高的背景噪声，受日光、环境照明等影响较大，要求的发射功率较高。同时，它不仅通信距离短，而且还要求必须在视线上直接对准，中间不能有任何阻挡。此外，IrDA 技术只限于在 2 个设备之间进行链接，不能同时链接多个设备。IrDA 设备的核心部件——红外线 LED 是一种不耐用的器件，频繁使用会令其使用寿命大大缩短。

2. 蓝牙技术

蓝牙（Bluetooth）技术由爱立信公司在 1994 年开始研发，主要是研究在移动电话和其他配件间进行低功耗、低成本无线通信连接的方法。通过一种短程无线连接替代已经被广泛使用的有线连接。

蓝牙系统一般由无线单元、链路控制单元、链路管理单元和蓝牙软件（协议栈）单元 4 个单元组成。具有低成本、高传输速率的特点，可将内嵌有蓝牙芯片的计算机、手机和多种便携式通信终端连接起来，实现语音和数据通信。与红外技术相比，蓝牙无须对准就能传输数据，能够在 10 m 半径范围内实现单点对多点的无线数据和声音传输，在信号放大器的帮助下，通信距离甚至达几十米。数据传输带宽可达 1 Mbit/s。其主要优点在于：

（1）工作在全球开放的 2.4 GHz ISM 频段。

（2）使用跳频技术减小数据传输干扰。

（3）在有效范围内可越过障碍物进行连接，没有特别的通信视角和方向要求。

（4）组网简单方便；低功耗、通信安全性好。

（5）数据传输带宽可达 1 Mbit/s。

（6）一台蓝牙设备可同时与其他 7 台蓝牙设备建立连接。

蓝牙产品涉及 PC、笔记本、移动电话等信息设备和 A/V 设备、汽车电子、家用电器和工业设备领域。尤其是个人局域网应用，包括无绳电话、PDA 与计算机的互联。但蓝牙同时存在植入成本高、通信对象少、通信速率较低等问题，它的发展与普及尚需经过市场的磨炼，其自身的技术也有待于不断完善和提高。

3. 无线局域网技术

无线保真（Wireless Fidelity，Wi-Fi）是一种可以将个人计算机和手持设备以无线方式互相连接的无线局域网技术，符合电气和电子工程师协会（Institute of Electrical and Electronics Engineers，IEEE）定义的无线网络通信工业标准 IEEE 802.11。它使用 2.4 GHz 附近的频段，物理层定义了两种无线调频方式和一种红外传输方式。

Wi-Fi 基于 IEEE 802.11a、IEEE 802.11b、IEEE 802.11g 和 IEEE 802.11n。最大优点是传输的有效距离很长、传输速率较高（可达 11 Mbit/s），并能与各种 802.11 设备兼容。最新的交换机能把 Wi-Fi 无线网络从接近 100 m 的通信距离扩大到约 6.5 km。使用 Wi-Fi 的门槛较低，厂商只要在机场、车站、咖啡店、图书馆等人员较密集的地方设置"热点"，并通过高速线路即可接入因特网。其主要特性包括：

（1）速度快，可靠性高。

（2）在开放性区域通信距离 305 m，在封闭区域通信距离为 76~122 m。

（3）方便与现有的有线以太网络整合，组网结构弹性化、灵活、价格较低。

Wi-Fi 最具应用潜力的领域主要为家居办公（Small Office Home Office，SOHO）、家庭无线网络以及不便安装电缆的建筑物的场所。目前，它已成为最为流行的笔记本计算机、平板计算机和手机的网络技术。然而，IEEE 802.11 标准的发展呈多元化趋势，其标准仍存在一些尚须解决的问题，如厂商间的互操作性和备受关注的安全性问题。

4. 射频技术

在电子学理论中，电流流过导体，导体周围会形成磁场；交变电流通过导体，导体周围会形成交变的电磁场，称为电磁波。在电磁波频率低于 100 kHz 时，电磁波会被地表吸收，不能形成有效的传输，但电磁波频率高于 100 kHz 时，电磁波可以在空气中传播，并经大气层外缘的电离层反射，形成远距离传输能力，我们把具有远距离传输能力的高频电磁波称为射频（Radio Frequency，RF）。

射频技术在无线通信领域中被广泛使用。无绳电话和手机、无线电和电视广播站、卫星通信系统以及对讲机等都工作在 RF 频谱范围内。还有一些无线设备工作在红外线或可见光的频率下，它们的电磁波长要比 RF 短，如电视机遥控器、无线键盘和无线鼠标以及无线 Hi-Fi 立体声耳机等。

5. 射频识别技术

射频识别（Radio Frequency Identification，RFID）是一种通过射频信号识别目标对象并获取数据的非接触式自动识别技术。RFID 系统由标签（Tag）、解读器（Reader）和天线（Antenna）3 个基本要素组成。

标签分为无源标签或称为被动标签（PassiveTag）和有源标签或称为主动标签（ActiveTag）两种。无源标签进入磁场后，接收解读器发出射频信号，标签凭借感应电流所获得的能量送送出存储在芯片中的产品信息；有源标签则会主动发送某一频率的信号。解读器读取信息并解码后，送至中央信息系统进行有关数据处理。

RFID 将渗透到包括汽车、医药、食品、交通运输、能源、军工、动物管理以及人事管理等各个领域。然而，由于成本、标准等问题的局限，RFID 技术和应用环境还很不成熟。主要表现在：

（1）制造技术较为复杂，智能标签的生产成本相对过高。

（2）标准尚未统一，最大的市场尚无法启动。

（3）应用环境和解决方案还不够成熟，安全性将接受很大考验。

6. 超宽带技术

超宽带（Ultra Wideband，UWB）技术起源于 20 世纪 50 年代末，此前主要作为军事技术在雷达等通信设备中使用。随着无线通信的飞速发展，人们对高速无线通信提出了更高的要求，超宽带技术又被重新提出，并备受关注。UWB 是利用纳秒至微微秒级的非正弦波窄脉冲传输数据，在较宽的频谱上传送较低功率信号。UWB 不使用载波，而是使用短的能量脉冲序列，并通过正交频分调制或直接排序将脉冲扩展到一个频率范围内。

UWB 可提供高速率的无线通信，保密性很强，发射功率谱密度非常低，被检测到的概率也很低，在军事通信上有很大的应用前景。UWB 通信采用调时序列，能够抗多径衰落，因此特别适合高速移动环境下使用。更重要的是，UWB 通信又被称为是无载波的基带通信，几乎是全数字通信系统，所需要的射频和微波器件很少，因此可以减小系统的复杂性，降低成本。与当前流行的短距离无线通信技术相比，UWB 具有抗干扰能力强、传输速率高、带宽极宽、发射功率小等优点，具有广阔的应用前景，在室内通信、高速无线 LAN、家庭网络等场合才能得到充分应用。

UWB 占用的带宽过大，可能会干扰其他无线通信系统，因此其频率许可问题一直在争论之中。另外，有学者认为，尽管 UWB 系统发射的平均功率很低，但由于其脉冲持续时间很短，瞬时功率峰值可能会很大，这甚至会影响到民航等许多系统的正常工作。但是学术界的种种争论并不影响 UWB 的开发和使用，2002 年 2 月美国联邦通信委员会（Federal Communications Commission，FCC）批准了 UWB 用于短距离无线通信的申请。

7. ZigBee 技术

ZigBee 这一名称来源于蜜蜂的八字舞，由于蜜蜂（Bee）是靠飞翔和"嗡嗡"（Zig）地抖动翅膀的"舞蹈"来与同伴传递花粉所在方位的信息，也就是说蜜蜂依靠这样的方式构成了群体中的通信网络。

ZigBee 技术主要用于无线个人局域网通信技术（Wireless Personal Area Network，WPAN），基于 IEE 802.15.4 标准研制开发，是一种介于 RFID 和蓝牙技术之间的技术提案，主要用在短距离且数据传输速率不高的各种电子设备之间。ZigBee 协议比蓝牙、高速率个域网或802.11x 无线局域网使用更简单，可以认为是蓝牙的同族兄弟，其特点包括：

1）数据传输速率低

只有 10～250 kbit/s，专注于低传输应用。

2）功耗低

在低耗电待机模式下，两节普通五号干电池可使用 6 个月至 2 年。这也是 ZigBee 的支持者所一直引以为豪的独特优势。

3）成本低

因为 ZigBee 数据传输速率低，协议简单，所以大大降低了成本；积极投入 ZigBee 开发的 Motorola 以及 Philips，均已在 2003 年正式推出芯片。

4）网络容量大

每个 ZigBee 网络最多可支持 255 个设备，也就是说每个 ZigBee 设备可以与另外 254 台设备相连接。

5）有效范围小

有效覆盖范围 10～75 m 之间，具体依据实际发射功率的大小和各种不同的应用模式而定，基本上能够覆盖普通的家庭或办公室环境。

6）工作频段灵活

使用的频段分别为 2.4 GHz、868 MHz（欧洲）、915 MHz（美国），均为免执照频段。

1.1.3 长距离移动通信技术

移动通信的历史可以追溯到 20 世纪初，但在近 30 年来才得到飞速发展。移动通信技术的发展以开辟新的移动通信频段、有效利用频率和移动台的小型化、轻便化为中心，其中有效利用频率技术是移动通信的核心。自 1968 年贝尔实验室提出蜂窝移动通信系统概念以来，移动通信已经经历了四代系统的演变，如图 1-2 所示。

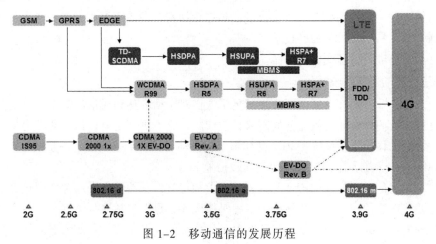

图 1-2　移动通信的发展历程

1. 第一代移动通信系统

第一代移动通信技术（1G）是采用蜂窝技术组网、仅支持模拟语音通信的移动电话标准，制定于 20 世纪 80 年代，主要采用的是模拟技术和频分多址（Frequency Division Multiple Access，FDMA）技术。以美国的高级移动电话系统（Advanced Mobile Phone System，AMPS）、英国的全接入移动通信系统（Total Access Communications System，TACS）以及日本的 JTAGS 为代表，各标准彼此不能兼容，无法互通，不能支持移动通信的长途漫游，只是一种区域性的移动通信系统。第一代移动通信系统的主要特点是：

（1）模拟话音直接调频。

（2）多信道共用和 FDMA 接入方式。

（3）频率复用的蜂窝小区组网方式和越区切换。

（4）无线信道的随机变参特征使无线电波受多径快衰落和阴影慢衰落的影响。

（5）环境噪声和多类电磁干扰的影响。

（6）无法与固定电信网络迅速向数字化推进相适应，数据业务很难开展。

2. 第二代移动通信系统

由于模拟移动通信系统本身的缺陷，如频谱效率低、网络容量有限、业务种类单一、保密性差等，已使得其无法满足人们的需求。20 世纪 90 年代初期开发了基于数字技术的移动通信系统——数字蜂窝移动通信系统，即第二代移动通信系统（2G）。第二代移动通信系统主要采用时分多址（Time Division Multiple Access，TDMA）或窄带码分多址（N-CDMA）技术。最具代表性的是全球移动通信系统（Global System of Mobile communication，GSM）和 CDMA 系统，这两大系统在目前世界移动通信市场占据着主要的份额。

GSM 是由欧洲提出的二代移动通信标准，较以前标准最大的不同是其信令和语音信道都是数字的。CDMA 移动通信技术是由美国提出的第二代移动通信系统标准，其最早用于军事通信，直接扩频和抗干扰性是其突出的特点。第二代移动通信系统的核心网以电路交换为基础，语音业务仍然是其主要承载的业务。随着各种增值业务的不断增长，二代系统也可以传输低速的数据业务。目前第二代移动通信系统仍在使用，其特征包括：

（1）有效利用频谱：数字方式比模拟方式能更有效地利用有限的频谱资源。随着更好的语音信号压缩算法的推出，每个信道所需的传输带宽越来越窄。

（2）高保密性：模拟系统使用调频技术很难进行加密，而数字调制是在信息本身编码后再进行调制，故容易引入数字加密技术。

（3）可灵活地进行信息变换及存储。

3. 第三代移动通信系统

尽管基于话音业务的移动通信网已经满足了人们对于话音移动通信的需求，但是随着社会经济的发展，人们对数据通信业务的需求日益增高，已不再满足于以话音业务为主的移动通信服务。第三代移动通信系统（3G）是在第二代移动通信技术基础上进一步演进产生的，以宽带 CDMA 技术为主，能同时提供话音和数据业务。

3G 与 2G 最大的区别是传输语音和数据速率上的提升，它能够在全球范围内更好地实现无线漫游，并处理图像、音乐、视频流等多种媒体形式，提供包括网页浏览、电话会议、电子商务等多种信息服务，同时考虑了与已有第二代系统的良好兼容。目前我国支持 3 种国际电联确定的无线接口标准，即中国电信运营的 CDMA2000（Code Division Multiple Access 2000），中国联通运营的 WCDMA（Wideband Code Division Multiple Access）和中国移动运营的 TD-SCDMA（Time Division-Synchronous Code Division Multiple Access）。

TD-SCDMA 由我国信息产业部电信科学技术研究院提出，采用不需要成对频谱的时分双工（Time Division Duplexing，TDD）工作方式，以及 FDMA/TDMA/CDMA 相结合的多址接入技术，载波带宽为 1.6 MHz，适合支持上下行不对称业务。TD-SCDMA 系统还采用了智能天线、同步 CDMA、自适应功率控制、联合检测及接力切换等技术，使其具有频谱利用率高，抗干扰能力强，系统容量大等特点；WCDMA 源于欧洲，同时与日本的几种技术相融合，是一个宽带直扩码分多址（Direct Sequence-Code Division Multiple Access，DS-CDMA）系统。其核心网采用基于演进的 GSM/GPRS 网络技术，载波带宽为 5 MHz，可支持 384 kbit/s～2 Mbit/s

数据传输速率。在同一传输信道中，WCDMA 可同时提供电路交换和分组交换的服务，提高了无线资源的使用效率。WCDMA 支持同步/异步基站运行模式、采用上下行快速功率控制、下行发射分集等技术；CDMA2000 由美国高通公司为主导提出，是在 IS-95 基础上的进一步发展。它分为两个阶段，即 CDMA2000 1xEV-DO（Data Optimized）和 CDMA2000 1xEV-DV（Data and Voice）。CDMA2000 空中接口保持了许多 IS-95 空中接口的特征，同时为了支持高速数据业务，还提出了许多新技术，包括前向发射分集、前向快速功率控制、增加快速寻呼信道和上行导频信道等。第三代移动通信系统具有如下基本特征：

（1）具有更高的频谱效率、更大的系统容量。

（2）能提供高质量业务，并具有多媒体接口：快速移动环境最高速率达 144 kbit/s，室外环境最高速率达 384 kbit/s，室内环境最高速率达 2 Mbit/s。

（3）具有更好的抗干扰能力：利用宽带特性，通过扩频通信抵抗干扰。

（4）支持频间无缝切换，从而支持多层次小区结构。

（5）可从 2G 平滑过渡演进而来，并与固网兼容。

4. 第四代移动通信系统

3G 系统采用电路交换，而不是纯 IP（Internet Protocol）方式；最大传输速率达不到 2 Mbit/s，无法满足用户高带宽要求；多种标准难以实现全球漫游等。其局限性推动了人们对下一代移动通信系统——4G 的研究。第四代移动通信系统可称为宽带接入和分布式网络，其网络将采用全 IP 的结构。4G 网络采用许多关键技术来支撑，包括正交频率复用（Orthogonal Frequency Division Multiplexing，OFDM）、多载波调制，自适应调制和编码（Adaptive Modulation and Coding，AMC），多输入多输出（Multiple-Input Multiple-Output，MIMO）、智能天线、基于 IP 的核心网、软件无线电等。另外，4G 使用网关与传统网络互联，形成了一个复杂的多协议网络。第四代移动通信系统具有如下特征：

（1）传输速率更快。高速移动用户（250 km/h）数据速率为 2 Mbit/s；中速移动用户（60 km/h）数据速率为 20 Mbit/s；低速移动用户（室内或步行者）数据速率为 100 Mbit/s。

（2）频谱利用效率更高。4G 使用了许多功能强大的突破性技术，无线频谱的利用比第二代和第三代系统有效得多，而且速度相当快，下载速率可达到 5~10 Mbit/s。

（3）网络频谱更宽。每个 4G 信道占用 100 MHz 以上带宽，而 3G 网络的带宽则在 5~20 MHz 之间。

（4）系统容量更大。4G 采用新的网络技术（如空分多址等）来极大提高系统容量，以满足大信息量的需求。

（5）灵活性更强。4G 系统采用智能技术，可自适应地进行资源分配。利用智能信号处理技术，保障在信道条件不同的各种复杂环境中实现信号的正常收发。另外，用户可使用各式各样的设备接入到 4G 系统。

（6）更高质量多媒体通信。4G 网络的无线多媒体通信服务包括语音、数据、影像等，大量信息透过宽频信道传送出去，让用户可以在任何时间、任何地点接入到系统中。4G 是一种实时、宽带、无缝覆盖的多媒体移动通信。

（7）兼容性更平滑。4G 系统具备全球漫游、接口开放、能跟多种网络互联、终端多样化以及能从第二代系统平稳过渡等特点。

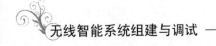

（8）通信费用更加便宜。

5. 第五代移动通信系统

5G移动宽带系统将成为面向2020年以后人类信息社会需求的无线移动通信系统。5G不再仅仅是更高速率、更大带宽、更强能力的空中接口技术，而是面向业务应用和用户体验的智能网络。它是一个多业务多技术融合的网络，通过技术的演进和创新，满足未来包含广泛数据和连接的各种业务的快速发展需要，提升用户体验。5G网速的峰值比4G快10倍，也就是说下载速度每秒可达GB级。除此之外，网络的延迟要从以前的十几秒降低到几毫秒以内。5G移动通信系统的关键技术包括：

1）毫米波

5G如果要实现端到端的高速率，重点是突破无线这部分速率低的瓶颈。随着移动通信的发展，使用的电波频率是越来越高。这主要是因为频率越高，能使用的频率资源越丰富。频率资源越丰富，能实现的传输速率就越高。目前，5G频率范围分为6 GHz以下和24 GHz以上两种，国际上主要使用28 GHz进行试验，这个频段也有可能成为5G最先使用的频段。如果按28 GHz来算，根据波长与频率的关系，可计算出5G所用电波波长在毫米级。

2）微基站

电波频率越高，波长越短，越趋近于直线传播（绕射能力越差）。同时，频率越高在传播介质中的衰减也越大。5G移动通信如果用了高频段，最大的问题就是传输距离大幅缩短，覆盖能力大幅减弱。覆盖同一个区域，需要的5G基站数量将大大超过4G。巨大的基站数量会使网络建设成本上升到运营商难以接受的程度。为了减轻网络建设方面的成本压力，5G必须采用微基站。

3）大规模MIMO

多根天线发送，多根天线接收。在LTE时代，就已经有MIMO了，但是天线数量并不算多，只能说是初级版的MIMO。5G时代采用天线阵列，变成了大规模MIMO（Massive MIMO）。

4）波束赋形

波束赋形是指在基站上布设天线阵列，通过对射频信号相位的控制，使得相互作用后的电磁波的波瓣变得非常狭窄，并指向它所提供服务的手机，而且能根据手机的移动而改变方向的技术。这种空间复用技术，由全向的信号覆盖变为了精准指向性服务，波束之间不会干扰，在相同的空间中提供更多的通信链路，极大地提高基站的服务容量。

5）设备到设备

在目前的移动通信网络中，即使是两个人面对面拨打对方的手机（或手机对传照片），信号也是通过基站进行中转的，包括控制信令和数据包。而在5G时代，这种情况就不一定了。如果是同一基站下的两个用户进行通信，他们的数据将不再通过基站转发，而是直接手机到手机，也就是"设备到设备（Device to Device，D2D）"。这样节约了大量的空中资源，降低用户通信的成本，也减轻了基站的压力。当然，控制消息还是要通过基站占用频谱资源进行传输。

6）同时同频全双工

利用该技术，在相同的频谱上，通信的收发双方同时发射和接收信号，与传统的TDD和FDD双工方式相比，从理论上可使空口频谱效率提高1倍。

全双工技术能够突破频分双工（Frequency Division Duplexing，FDD）和时分双工（Time Division Duplexing，TDD）频谱资源使用限制，使得频谱资源的使用更加灵活。然而，全双工技术需要具备极高的干扰消除能力，这对干扰消除技术提出了极大的挑战，同时还存在相邻小区同频干扰问题。在多天线及组网场景下，全双工技术的应用难度更大。

任务 1.2　学习系统设计软件

根据需求完成系统设计是组建无线智能系统的第一步，是设备安装、系统调试和功能检验的基础。具备系统设计功能的软件很多，本书选用的是北京神州祥升软件有限公司自主研发的移动互联系统设计与仿真软件 QZT-3000。该软件包括"设计"和"运行"两个子系统，两子系统独立工作。使用者可首先在"设计"子系统中完成规划设计，然后利用"运行"子系统仿真运行，查看设计的运行效果。

1.2.1　设计系统

1. 登录设计系统

双击 QZT-3000 目录下面的 Designer.exe 应用程序图标即可开始系统的运行，首先显示起始界面，如图 1-3 所示。

图 1-3　QZT-3000 设计子系统起始界面

起始界面闪过之后，显示系统登录界面，如图 1-4 所示。输入用户名和密码，单击"登录"按钮即可进入 QZT-3000 设计子系统。

图 1-4　QZT-3000 设计子系统登录界面

2. 任务设计界面

登录后进入任务设计界面，如图1-5所示。设计界面由"设计任务"、"设计组件"和"设计区域"3部分组成。

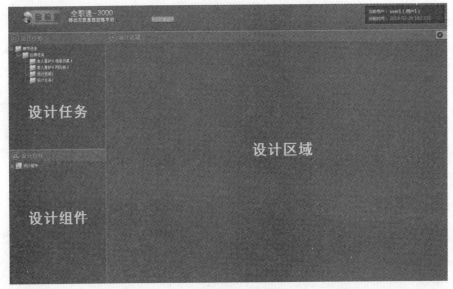

图1-5　任务设计界面

左侧上部是设计任务导航菜单，包含系统中的所有任务，用户可在此处选择要做的设计任务，如图1-6所示。

左侧下部是设计组件导航菜单，包含系统中所有通用组件和定制组件，设计中用户可在此处选择组件，如图1-7所示。

图1-6　任务设计导航菜单

图1-7　设计组件导航菜单

右侧是设计区域，用户可在设计区域摆放组件，完成设计与展示。设计界面的顶部左侧是软件商标，顶部右侧显示了当前登录用户的名称和身份以及当前日期和时间。

3. 底图的操作

在任务设计界面右侧设计区域右击，弹出图1-8所示的菜单。

单击"选择底图"命令，弹出"选择底图"对话框，如图1-9所示。

选择一个底图文件（如"网络.png"），单击"打开"按钮，底图即添加成功，如图1-10所示。

图 1-8　快捷菜单　　　　　　　　　图 1-9　"选择底图"对话框

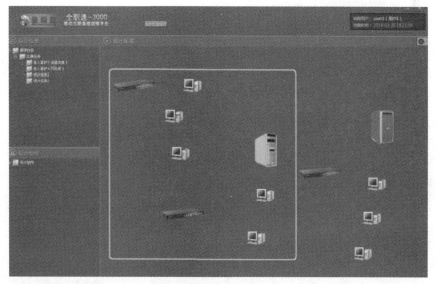

图 1-10　成功添加底图

4. 组件的操作

1）新增组件

双击设计组件导航菜单中的某个组件的名称即可将其添加到设计区中。例如，双击"设计组件→通用组件→用户组件"名称，即把用户组件添加到设计区中，如图 1-11 所示。

图 1-11　新增组件

2）移动组件

用鼠标左键按住组件图标，移动鼠标指针组件便随鼠标移动，在合适的位置释放鼠标，组件的位置便确定了。

3）改变组件大小

选中组件，组件四角和四边会出现调整句柄。将鼠标指针移动到句柄处单击，移动鼠标指针即可改变组件的大小，如图 1-12 所示。

5．通用组件介绍

1）标签

双击导航菜单中的"设计组件→通用组件→标签"命令即可向设计区添加一个标签图标。在标签图标上右击，弹出快捷菜单，如图 1-13 所示。

图 1-12　改变组件大小　　　　　图 1-13　快捷菜单

（1）修改标签内容。右击标签图标，在弹出的菜单中单击"修改标签内容"命令，弹出"修改标签"对话框，如图 1-14 所示。在输入栏中输入想要显示的标签内容，单击"确定"按钮。

（2）设置标签字体。右击标签图标，在弹出的菜单中单击"设置标签字体"命令，弹出"字体"对话框，如图 1-15 所示。选择相应的字体、字形、大小和效果，单击"确定"按钮完成设置。

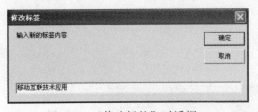

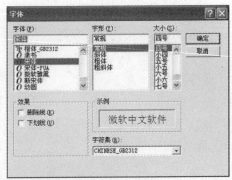

图 1-14　"修改标签"对话框　　　　图 1-15　"字体"对话框

（3）设置标签颜色。右击标签图标，在弹出的菜单中单击"设置标签颜色"命令，展开下一级菜单，如图 1-16 所示。

在下一级菜单中单击"标签字颜色"命令，弹出"颜色"对话框，如图 1-17 所示。在对话框中选择一种颜色，单击"确定"按钮可改变标签字体的颜色。

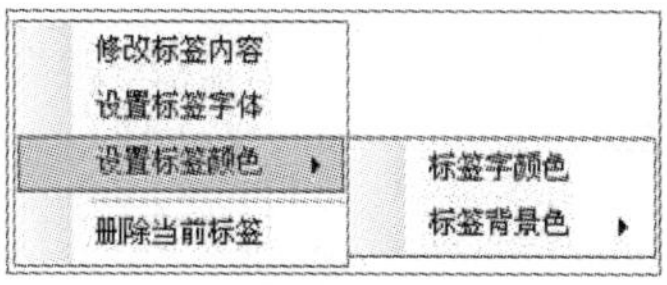

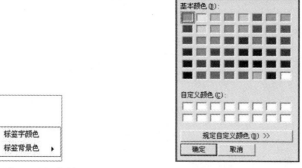

<table>
<tr><td>修改标签内容</td><td></td></tr>
<tr><td>设置标签字体</td><td></td></tr>
<tr><td>设置标签颜色 ▶</td><td>标签字颜色</td></tr>
<tr><td>删除当前标签</td><td>标签背景色 ▶</td></tr>
</table>

图 1-16 "设置标签颜色"下级菜单 　　　　图 1-17 "颜色"对话框

单击"规定自定义颜色"按钮，弹出图 1-18 所示的对话框。调整色调、饱和度、亮度或红、绿、蓝三基色后单击"添加到自定义颜色"按钮，便能使用更多颜色。

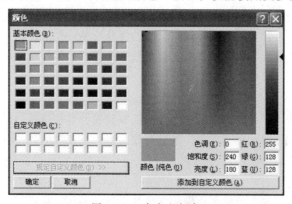

图 1-18 自定义颜色

在图 1-16 中单击"标签背景色"命令，展开下级菜单，如图 1-19 所示。单击"背景颜色"命令，弹出图 1-17 所示的"颜色"对话框，选择一种颜色，单击"确定"按钮可改变标签的背景色；若在"标签背景色"下级菜单中单击"背景透明"命令，则标签背景色变为透明。

（4）删除标签。右击标签图标，在弹出的菜单中单击"删除当前标签"命令，弹出确认删除对话框，如图 1-20 所示。在对话框中单击"确定"按钮，标签即被删除。

图 1-19 "标签背景色"下级菜单 　　　　图 1-20 确认删除对话框

2）视频

双击导航菜单中的"设计组件→通用组件→视频"名称即可向设计区添加一个视频图标。在视频图标上右击弹出快捷菜单，如图 1-21 所示。

单击"打开"命令，弹出"打开视频文件"对话框，如图 1-22 所示。选择要加入的视频文件，单击"打开"按钮完成添加并开始播放。

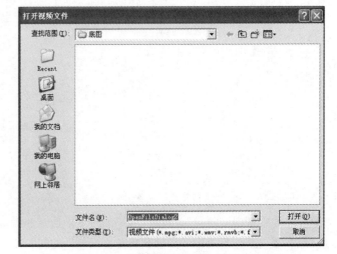

图 1-21　视频设置菜单　　　　　　　　　　图 1-22　"打开视频文件"对话框

单击"暂停"命令可暂停播放；单击"播放"命令可继续播放；单击"停止"命令视频停止播放，再次单击"播放"命令视频将从头播放；单击"关闭"命令可去除加入的视频文件；单击"删除"命令，弹出确认删除对话框。

3）视频监控

双击导航菜单中的"设计组件→通用组件→视频监控"名称便可向设计区添加一个视频监控图标，如图 1-23 所示。正确连接并配置摄像头后，在视频监控中会显示出摄像头中的景象。

4）用户组件

（1）添加用户组件。双击导航菜单中的"设计组件→通用组件→用户组件"名称便可向设计区添加一个用户组件图标，如图 1-24 所示。

（2）设置动画图片。在用户组件图标上右击，弹出快捷菜单，如图 1-25 所示。

图 1-23　添加视频监控　　　　　图 1-24　添加用户组件　　　　图 1-25　快捷菜单

单击"设置动画图片"命令，弹出"选择动画图片文件"对话框，如图 1-26 所示。

选择若干张图片，单击"打开"按钮，用户组件图标显示所选动画图片的第一张，如图 1-27 所示。

（3）设置动画属性。右击场景动画图标，在弹出的菜单中单击"设置动画属性"命令，弹出"组件配置"对话框，如图 1-28 所示。在对话框中输入动画名称，如"老太太"，单击"确定"按钮完成设置。

（4）开始和停止场景动画。右击用户组件图标，在弹出的快捷菜单中单击"开始场景动画"命令则开始场景动画，单击"停止场景动画"命令则停止场景动画。

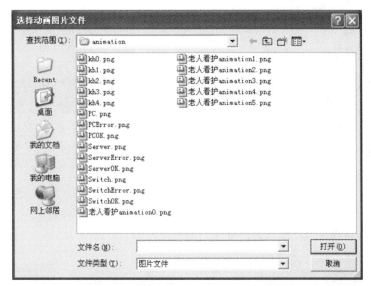

图 1-26 "选择动画图片文件"对话框

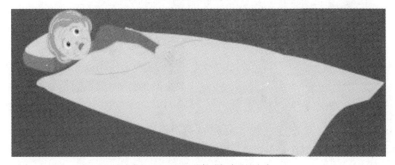

图 1-27 显示场景动画图片

（5）删除场景动画。右击用户组件图标，在弹出的快捷菜单中单击"删除场景动画"命令，弹出确认删除对话框，如图 1-29 所示。在对话框中单击"确定"按钮，场景动画即被删除。

图 1-28 "组件配置"对话框

图 1-29 确认删除对话框

6. 连接线的操作

1）添加连接线

连接线可用来连接两个有关联的设计组件。在任务设计界面右侧设计区中右击，弹出快捷菜单，如图 1-30 所示。单击"连接线"命令或者双击导航菜单中的"设计组件→通用组件→用户组件"名称即可向设计区添加一条连接线。

新添加的连接线是一条不能弯曲的直线，线的两端有两个控制点，用鼠标左键按住直线一头的控制点可以改变连接线的长度和方向来连接两个组件，如图 1-31 所示。

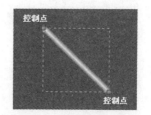

图 1-30 快捷菜单

图 1-31 新添加的连接线

2）设置连接线

在连接线上右击，弹出快捷菜单，如图 1-32 所示。

（1）增加线上控制点。在连接线上增加控制点可以使连接线从直线改变成任意形状的折线。右击连接线需要增加控制点的地方，在弹出的快捷菜单中单击"增加点"命令，连接线上相应位置上就会增加一个控制点，用鼠标左键按住控制点可以改变连接线的长度和方向，如图 1-33 所示。

图 1-32 快捷菜单

图 1-33 在连接线中增加点

（2）删除线上控制点。右击连接线需要删除的控制点，在弹出的快捷菜单中单击"删除点"命令，即可删除控制点，其余的控制点自动排列。

（3）开始或停止线动画。连接线都配有动画效果，通常用来模拟运行设计方案后组件之间连线产生的动态效果。右击连接线，在弹出的快捷菜单中单击"开始动画"命令，连接线中间就会出现间断流动的线段，如图 1-34 所示；单击"停止动画"命令，可停止动画演示。

图 1-34 开始连接线的动画

（4）置前或置后连接线。当两条连接线交叉时，可通过置前或置后调整两条的前后关系。如图 1-35 所示，连接线 1 在连接线 2 前面。右击连接线 2，在弹出的快捷菜单中单击"置于前"命令；或者右击连接线 1，在弹出的快捷菜单中单击"置于后"命令，连接线 2 即置于连接线 1 的前面，如图 1-36 所示。

3）设置线属性

右击连接线，在弹出的快捷菜单中单击"属性"命令，弹出"线属性设置"对话框，可以任意组合设置连接线的各种属性，如图 1-37 所示。

（1）设置连接线名称。连接线用名称来标识自己，默认名称为空。在"名称"输入框中输入连接线的名称，单击"应用"或"确定"按钮完成设置。

（2）设置连接线宽度。通过线的宽度设置可以改变连接线的宽度。例如，将线宽度由 15 变为 20，单击"应用"或"确定"按钮后的效果如图 1-38 所示。

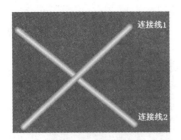

图 1-35　连接线 1 在连接线 2 前面

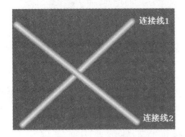

图 1-36　连接线 2 在连接线 1 的前面

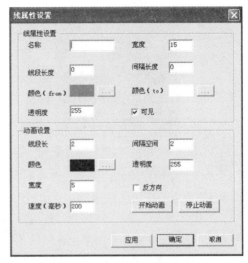

图 1-37　"线属性设置"对话框

（3）设置虚线样式。通过改变线段长度和间隔长度可以设置连接线为虚线。例如，改变"线段长度"为 20，"间隔长度"为 8，单击"应用"或"确定"按钮后的效果如图 1-39 所示。

图 1-38　改变连接线宽度的效果

图 1-39　设置连接线为虚线样式的效果

（4）设置连接线颜色。连接线的颜色由外到内渐变，可分别通过颜色（from）和颜色（to）进行修改，默认设置为由灰到白的渐变。单击颜色（from）后或颜色（to）后面的按钮，出现"颜色"对话框，如图 1-18 所示。在对话框中选择一种颜色，单击"确定"按钮可改变连接线的颜色。

（5）设置连接线透明度。线的透明度也是可设置的，连接线的默认透明度为 255。

（6）设置连接线可见性。通过设置可见性可以控制连接线是否可见，默认连接线为可见。若取消勾选"可见"复选框，则连接线变为隐藏状态。

4）设置线动画

右击连接线，在弹出的快捷菜单中单击"属性"命令，弹出"线属性设置"对话框，其中包含动画设置区域，如图 1-37 所示。"开始动画"和"停止动画"两个按钮起到了预览的作用，修改动画设置后单击"开始动画"可查看修改效果，单击"停止动画"则停止动画演示。动画线默认设置为"线段长 2；间隔空间 2；颜色 蓝色；透明度 255；宽度 5；速度 5"，动画效果如图 1-40 所示。

（1）设置动画线长度。通过修改线段长度可以改变动画线段的长度。例如，将线段长度设为5，单击"应用"按钮，开始动画后的效果如图1-41所示。

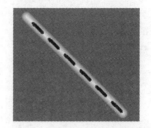

图1-40　动画线默认设置效果　　　　　　图1-41　　改变动画线长度的效果

（2）设置动画线间隔。通过修改间隔空间可以改变动画线段间的距离。例如，将间隔空间设为5，单击"应用"按钮，开始动画后的效果如图1-42所示。

（3）设置动画线颜色。单击动画设置区域中颜色后面的按钮，弹出"颜色"对话框，如图1-18所示。在对话框中选择一种颜色，单击"确定"按钮可改变动画线的颜色。

（4）设置动画线透明度。动画线段的透明度也是可设置的，默认透明度为255。例如，将透明度设为100，单击"应用"按钮，开始动画后的效果如图1-43所示。

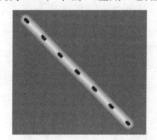

图1-42　改变动画线间隔的效果　　　　　图1-43　　改变动画线透明度的效果

（5）设置动画线的宽度。通过调整动画设置区域中的线宽度可以改变动画线的宽窄。例如，将动画线宽度由5变为10，单击"应用"按钮，开始动画后的效果如图1-44所示。

（6）设置动画线的速度。通过调整动画设置区域中的速度值可以改变动画线流动的速度。速度值越小，动画线流动的速度越快。

（7）设置动画线方向。勾选动画设置区域中的"反向"复选框，可使动画线反向流动。

5）组合设置线属性

组合设置线与线动画的属性可以设计出各种生动形象的效果。例如，将连接线设为不可见的同时将动画线长度设为1、间隔设为5，即可实现组件之间使用无线方式传输信息的效果，如图1-45所示。

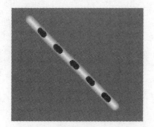

图1-44　改变动画线宽度后的效果　　　　图1-45　　组合设置线属性后的效果

7. 网格线的使用

设计界面背景有网格线的功能,网格线主要是辅助功能,帮助使用者做对齐操作。在任务设计界面右侧设计区域右击,弹出快捷菜单,单击"网格线"命令,设计区域背景就会出现网格线,如图 1-46 所示。若再次右击设计区域,并在弹出的快捷菜单中单击"网格线"命令,则网格线消失。

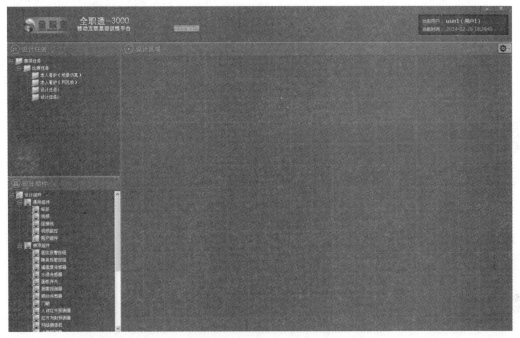

图 1-46　网格线的使用

8. 动画序列和事件

使用者可以定义动画序列和事件来规定系统运行过程中表现的状态及运行结果。单击设计区域右上角的"系统设置"按钮,展开系统设置菜单,如图 1-47 所示。

1)定义动画序列

单击系统设置菜单中的"序列定义"命令,弹出"动画序列定义"对话框,如图 1-48 所示。其中组件列表中显示的是当前设计界面中的所有动画组件。

图 1-47　设计子系统的系统设置菜单

图 1-48　"动画序列定义"对话框

（1）新建动画序列。单击"新建"按钮，弹出"新建动画序列"对话框，如图 1-49 所示。

在"新建动画序列"对话框中输入动画序列名称，如"检查连通性"，单击"确定"按钮，新建的动画序列即添加到序列列表框中，如图 1-50 所示。

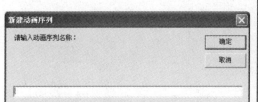

图 1-49　新建动画序列对话框　　　　图 1-50　添加序列后的序列定义对话框

（2）设置序列参数。动画序列包含开始时间、持续时间和动画描述 3 个参数。开始时间是序列中每个组件演示动画的起始时间，一般从 0 ms 开始定义；持续时间规定每个组件动画持续的时间，动画序列所代表的事件具有很强的时间性顺序。一般情况下，下一次组件开始动画的时间等于上一次动画的开始时间加上其持续时间；运行设计时系统会以文字形式弹出每个组件的动画描述，以直观地告知用户这个组件上发生的动作。

选中序列列表框中的一个动画序列，如"检查连通性"。在组件列表中选择需要动作的组件，如"场景动画 3"，设定开始时间为 0，持续时间为 2 000，并输入动画描述。选中"场景动画 4"，设定开始时间为 2 000，持续时间为 3 000，并输入动画描述。单击"确定"按钮完成动画序列参数设置。

2）定义事件

单击系统设置菜单中的"事件定义"命令，弹出"事件定义"对话框，如图 1-51 所示。

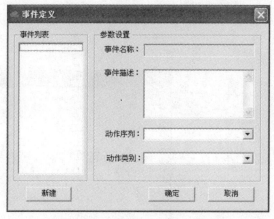

图 1-51　"事件定义"对话框

（1）新建事件。单击"事件定义"对话框中"新建"按钮，弹出"新建事件"对话框，如图 1-52 所示。

在"新建事件"对话框中输入事件名称，如"连通性"，单击"确定"按钮，新建的事件就添加到事件列表中，如图 1-53 所示。

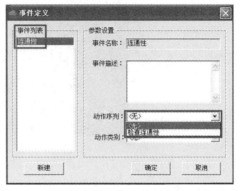

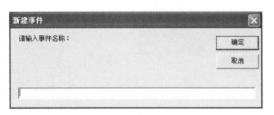

图 1-52　"新建事件"对话框　　　　图 1-53　添加事件后的"事件定义"对话框

（2）设置事件参数。在事件列表框中选中事件，如"连通性"。在右侧参数设置区域输入事件描述。选择动作序列，把当前事件和某一动画序列联系在一起，如"检查连通性"。选择动作类别，包括无、动画序列或静态图片，可根据事件要求选择其中的一项，如"动画序列"。单击"确定"按钮完成事件参数的设置。

1.2.2　运行系统

1. 登录运行系统

双击 QZT-3000 目录下面的 Runner.exe 应用程序图标即可开始系统的运行，首先显示起始界面，如图 1-54 所示。

起始界面闪过之后，显示系统登录界面，如图 1-55 所示。输入用户名和密码，单击"登录"按钮即可进入 QZT-3000 运行子系统。

图 1-54　QZT-3000 运行子系统起始界面　　　图 1-55　QZT-3000 运行子系统登录界面

2. 任务运行界面

登录后进入任务运行界面，如图 1-56 所示。设计界面由"设计任务"和"运行区域"2部分组成。左侧设计任务中包含系统中的所有任务，选择需要运行的设计任务，设计方案就显示在右侧运行区域中。设计界面的顶部左侧是软件商标，顶部右侧显示了当前登录用户的名称和身份以及当前日期和时间。

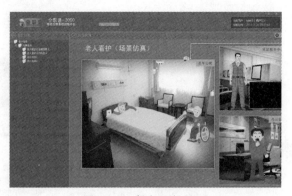

图 1-56　任务运行界面

3. 运行任务设计

运行子系统有两种启动工作的方式，一个是在设计界面中模拟触发事件的运行，另一个是接收实际硬件信号的运行。在设计任务导航菜单中选择好需要运行的设计任务，如"老人看护（场景仿真）"。单击运行区域右上角的系统设置按钮，展开系统设置菜单，如图 1-57 所示。单击"全屏显示"或"退出全屏"命令，可隐藏或显示左侧的设计任务列表。

下面以"老人看护系统"为例说明设计的运行过程。老人看护系统定义了起火了、燃气泄漏了、老人出门了、老头胸闷了、老太太头疼了、有贼了等几个事件。在运行区域右击，弹出系统事件菜单，如图 1-58 所示。

图 1-57　运行子系统的系统设置菜单　　　　　图 1-58　系统事件菜单

（1）单击系统事件菜单中的"老头胸闷了"命令，系统开始运行。老人不舒服后按下胸前按钮，界面出现提示信息"老头胸闷了"，如图 1-59 所示。

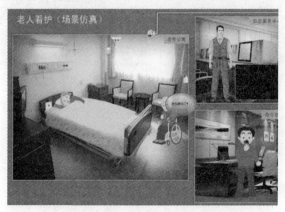

图 1-59　老人不舒服时按下胸前按钮

（2）胸前按钮把信息传送到智能终端，有一条动态连接线从老人连接到智能终端，如图 1-60 所示。

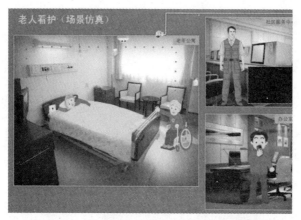

图 1-60　老人胸前按钮信息传输到智能终端

（3）智能终端收到信息后界面出现提示信息"收到胸闷信息"，如图 1-61 所示。

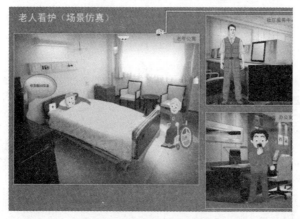

图 1-61　智能终端收到信息

（4）智能终端收到信息后向社区服务中心的监控中心和老人的亲人的手机发送消息，如图 1-62 所示。

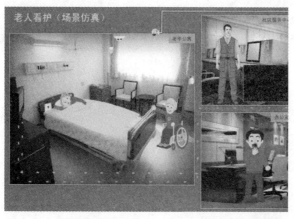

图 1-62　智能终端向监控中心和老人的亲人发送信息

（5）监控中心收到消息发出报警，老人的亲人也会收到短信，如图1-63所示。

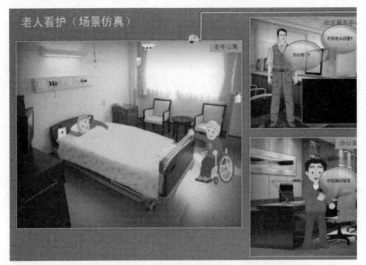

图1-63　监控中心和老人的亲人接收到消息

（6）这一系列动作完成之后便结束了事件的运行。发生的事件会记录到日志中，单击运行区域右上角的系统设置按钮，在展开的系统设置菜单中单击"日志"命令，可显示出事件的日志信息，如图1-64所示。

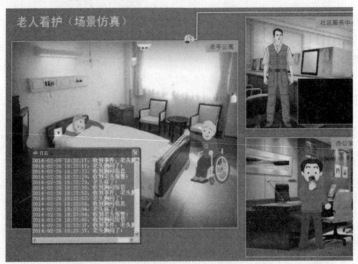

图1-64　事件的日志信息

思考与练习

1．什么是物联网？

2．画图说明物联网的结构层次。

3．什么是红外传输技术？

4．什么是蓝牙技术？

5. 什么是无线局域网技术？

6. 什么是射频信号？

7. 什么是射频识别技术？

8. 什么是超宽带技术？

9. 什么是 ZigBee 技术？

10. 简述移动通信的发展历程。

11. 使用仿真设计软件完成报警系统的设计与模拟运行，要求为：

（1）系统搭建：固定报警按钮——ZigBee 模块——智能终端——继电器——声光报警器。

（2）仿真运行：创建"老人不舒服"事件，触发系统报警动画序列。

单元 2

→ 安卓应用程序设计

【学习目标】
- 了解 Android 系统特点和开发环境的搭建。
- 熟悉 Android 布局组件和常用界面控件的程序设计。
- 掌握 Android 菜单和对话框的程序设计。
- 掌握 Intent 概念和多个 Activity 的程序设计。

任务 2.1　认识 Android 系统

无线智能系统的逻辑控制功能由智能终端、手机或 PAD 来实现，目前这些移动智能设备广泛使用 Android 作为操作平台软件，即操作系统。基于 Android 的程序设计是组建无线智能系统并实现相关业务功能的关键。

2.1.1　Android 系统简介

1. Android 的概念

Android 一词的本义指"机器人"，这里指 Google 于 2007 年 11 月 5 日宣布的基于 Linux 平台的开源手机操作系统的名称。该平台由操作系统、中间件、用户界面和应用软件组成，基于 Linux 2.6 内核，使用 Java 开发应用程序，被认为是首个为移动终端打造的真正开放和完整的软件开发平台。

Google 创建了一个 Android 开放联盟，其成员包括 HTC、三星、摩托罗拉、中兴等国际手机制造大厂，高通、德州仪器等顶级芯片制造公司，以及中国移动、T-Mobile、Docomo 等运营商。Google 通过与运营商、设备制造商、开发商等结成深层次的合作伙伴关系，建立标准化、开放式的移动软件平台，在移动产业内形成一个开放式的生态系统。

2. Android 的特点

1）具有完全的开放性

Android 源代码完全开放，便于开发人员更清楚地把握实现细节，便于提高开发人员的技术水平。开放性给 Android 的发展积累了人气，对于消费者来讲，最大的受益之处在于丰富的软件资源。当然，开放的平台也会带来更多竞争，如此一来，消费者将可以用更低的价位购得手机。

2）挣脱运营商的束缚

在过去很长的一段时间，特别是在欧美地区，手机应用往往受到运营商制约，使用何种功能接入什么网络，几乎都受到运营商的控制。随着 Android 手机的上市，用户可以更加方便地连接网络，运营商的制约减少。随着 3G、4G 乃至 5G 移动网络的逐步过渡和提升，手机可随意接入网络。

3）丰富的硬件选择

由于 Android 的开放性，众多的厂商会推出千奇百怪，功能特色各具的多种产品。功能上的差异和特色，却不会影响到数据同步、甚至软件的兼容。

4）不受限制的开发商

由于采用了对有限内存、电池和 CPU 优化过的 Dalvik 虚拟机，Android 的运行速度比想象得要快很多。Android 的源代码遵循 Apache V2 软件许可，而不是 GPL v2 许可证，更有利于商业开发。Android 平台提供给第三方开发商一个十分宽泛、自由的环境，催生各种新颖别致的应用软件。

5）无缝结合的 Google 应用

Google 成为最大的互联网络搜索引擎已经有 10 多年历史，从搜索巨人到全面的互联网渗透，Google 服务如地图、邮件、搜索等已经成为连接用户和互联网的重要纽带。Android 手机将无缝结合这些 Google 服务。

3. **Android 的系统架构**

Android 系统包括 Linux 内核（Linux Kernel）、函数库（Libraries）、安卓运行时（Andoid Runtime）、应用程序框架（Application Framework）和应用层（Applications）5 个部分，如图 2-1 所示。

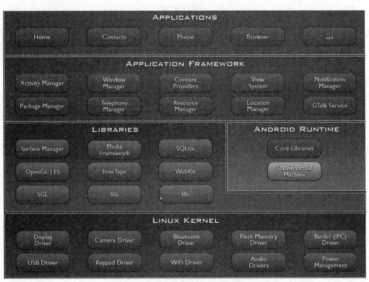

图 2-1　Android 的系统架构

1）Linux 内核

Android 基于 Linux 内核，但不是 Linux。Linux Kernel 是位于硬件和软件堆之间的抽象层，提供系统核心服务，如进程、内存、电源管理，网络连接，驱动与安全等。

2）函数库

Android 包含一些 C/C++库，这些库能被 Android 系统中不同的组件使用。它们通过

Android 应用程序框架为开发者提供服务。

（1）系统 C 库：一个从 BSD 继承来的标准 C 系统函数库（libc），是专门为基于 embedded linux 的设备定制的。

（2）媒体库：基于 PacketVideo OpenCORE；该库支持多种常用的音频、视频格式回放和录制，同时支持静态图像文件。编码格式包括 MPEG4、H.264、MP3、AAC、AMR、JPG、PNG。

（3）Surface Manager：对显示子系统的管理，并且为多个应用程序提供了 2D 和 3D 图层的无缝融合。

（4）WebKit：一个最新的 Web 浏览器引擎，支持 Android 浏览器和一个可嵌入的 Web 视图。

（5）SGL：底层的 2D 图形引擎。

（6）3D libraries：基于 OpenGL ES 1.0 APIs 实现；该库可以使用硬件 3D 加速（如果可用）或者使用高度优化的 3D 软加速。

（7）FreeType：位图（Bitmap）和矢量（Vector）字体显示。

（8）SQLite：一个对于所有应用程序可用，功能强劲的轻型关系型数据库引擎。

3）安卓运行时

安卓运行时包括核心库和虚拟机。核心库提供的 Java 功能、Dalvik 虚拟机依赖于 Linux 内核，可同时运行多个 Dalvik 虚拟机。每个 Android 应用程序在它自己的 Dalvik VM 实例中执行优化的 Dalvik 可执行文件（.dex）。

4）应用程序框架

应用程序框架包括 Activity Manager、Content Provider、Notification Manager、Views System、Resource Manager 和 Activity Manager，它们的作用是：

（1）Activity Manager：管理运行应用程序。

（2）Content Provider：在各应用之间共享数据。

（3）Notification Manager：显示提示和状态栏。

（4）Views System：可扩展显示，用于构建 UI。

（5）Resource Manager：资源引用、管理。

2.1.2 Android 开发环境搭建

Android 开发环境包含的开发包和工具软件有 Java 开发包（Java Development Kit，JDK）、源代码编辑器 Eclipse、Android 软件开发包（Android Software Development Kit，Android SDK）和 Android 开发工具（Android Develop Tool，ADT）。

1. 下载并安装 JDK

Android 以 Java 为开发语言，JDK 是 Java 的核心，包括 Java 运行环境（Java Runtime Environment，JRE）、Java 工具和 Java 基础类库（Java Foundation Class，JFC）。

1）下载 JDK

登录 http://www.oracle.com/technetwork/java/javase/downloads/index.html，下载 JDK。本书使用的为 jdk-7u5-windows-i586.exe 文件。

2）安装 JDK

（1）安装包中包含了 JDK 和 JRE 两部分，建议将它们安装在同一个盘符下。双击运行

jdk-7u5-windows-i586.exe 文件，显示欢迎使用界面，如图 2-2 所示。

图 2-2　欢迎使用界面

（2）单击"下一步"按钮，进入自定义安装界面，如图 2-3 所示。

图 2-3　自定义安装界面

（3）选择可选功能和安装目录后单击"下一步"按钮，向导自动完成安装并显示完成界面，如图 2-4 所示。

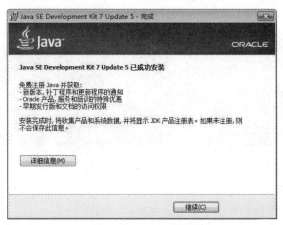

图 2-4　安装完成界面

3）设置环境变量

右击"计算机"图标，在弹出的快捷菜单中单击"属性"命令，打开"控制面板→系统安全→系统"窗体。单击左侧的"高级系统设置"超链接，弹出"系统属性"对话框。单击"环境变量"按钮，弹出"环境变量"对话框，如图 2-5 所示。

图 2-5 "环境变量"对话框

分别设置以下变量：

（1）JAVA_HOME= C:\Program Files\Java\jdk1.7.0_05。

（2）JAVA_JRE__HOME = C:\Program Files\Java\jdk1.7.0_05\jre。

（3）JRE__HOME = C:\Program Files\Java\jre7。

（4）CLASSPATH = .;%JAVA_HOME%\lib;%JAVA_HOME%\lib\tools.jar;%JAVA_HOME%\lib\dt.jar;%JRE_HOME%\lib;%JRE_HOME%\lib\rt.jar;%JAVA_JRE_HOME%\lib;%JAVA_JRE_HOME%\lib\rt.jar;。

（5）Path = %JAVA_HOME%\bin;%JRE_HOME%\bin;% JAVA_JRE_HOME%\bin;。

4）检测安装结果

安装配置完成之后，要测试是否安装成功。单击"开始→运行"命令，输入"cmd"命令，打开命令行模式，输入命令"java -version"，检测 JDK 是否安装成功，运行结果如图 2-6 所示，表示安装成功。

图 2-6 检测 JDK 安装结果

2. 下载并安装 Eclipse

Eclipse 是一个 Java 应用程序的集成开发环境（Integrated Development Environment，IDE），它本身由 Java 编写，因此要求 JRE 来运行。如果 JRE 没有安装或被检测到，打开 Eclipse 会

出现错误。

1）下载 Eclipse

登录 http://www.eclipse.org/downloads/，下载 Eclipse。

2）安装 JDK

Eclipse 安装非常简单，直接将下载的压缩包解压缩，找到可执行文件 Eclipse.exe 运行即可。

3. 下载并安装 Android SDK

Eclipse 是 Java 开发环境，可以很简单地创建并编辑 Java 项目。若要创建 Android 项目，就需要下载并安装 Android SDK。这个 SDK 包含了所有创建运行在特有 Android 平台上的应用程序所需的 Java 代码库，以及帮助文件、文档、Android 模拟器和大量调试工具。

1）下载 Android SDK

登录 http://developer.android.com/sdk/index.html，下载 Android SDK。

2）安装 Android SDK

Android SDK 安装非常简单，直接将下载的压缩包解压缩即可。

3）设置环境变量

右击"计算机"图标，在弹出的快捷菜单中单击"属性"命令，打开"控制面板→系统安全→系统"窗体。单击左侧的"高级系统设置"超链接，弹出"系统属性"对话框。单击"环境变量"按钮，弹出"环境变量"对话框，如图 2-5 所示。分别设置以下变量：

（1）Android_SDK_HOME = C:\Android\android-sdk（Android SDK 的解压缩路径）。

（2）Path = %Android_SDK_HOME%\tools;。

4）设置存储路径

启动 Eclipse，单击"Window→Perferences"命令，弹出"Perferences"对话框，如图 2-7 所示。在左侧导航树中选择"Android"，单击右侧参数区中"Browse"按钮，选择 Android SDK 的解压缩路径，确认后即可完成设置。

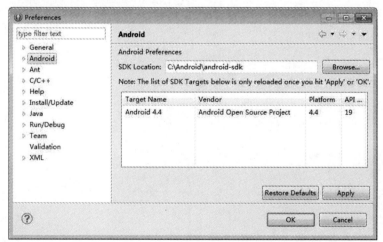

图 2-7 "Perferences"对话框

4. 下载并安装 ADT

ADT 是 Google 公司提供的针对 Eclipse 的 Android 开发插件。通过 ADT 可以进行集成开发，包括代码的自动生成、调试、编译、打包、拖动式界面生成等。

1）下载 ADT

登录 https://dl-ssl.google.com/android/eclipse/，下载 ADT。

2）安装 ADT

启动 Eclipse，单击"Help→Install New Software"命令，将 ADT 插件安装到 Eclipse 编辑环境中，如图 2-8 所示。

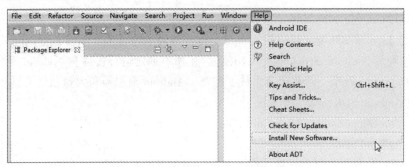

图 2-8　安装 ADT 插件

2.1.3　Android 应用程序介绍

1．Android 应用程序的创建步骤

下面以 Helloworld 程序为例，介绍 Android 应用程序的创建步骤。

1）创建工程

（1）启动 Eclipse，单击"File→New→Android Project"命令，如图 2-9 所示。在弹出的"New Android Application"对话框中输入工程名称"Helloworld"，如图 2-10 所示。

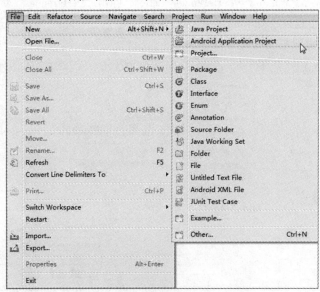

图 2-9　单击"Android Project"命令

（2）单击"Next"按钮，选择是否创建图标、活动以及工程创建位置，如图 2-11 所示。

（3）单击"Next"按钮，选择发布程序时图标的大小及颜色，如图 2-12 所示。

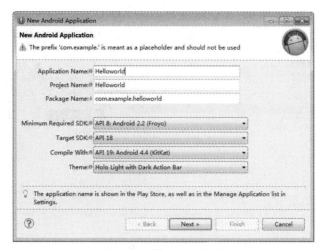

图 2-10　输入工程名称

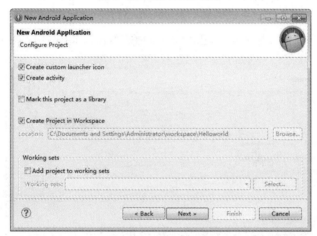

图 2-11　设置工程属性

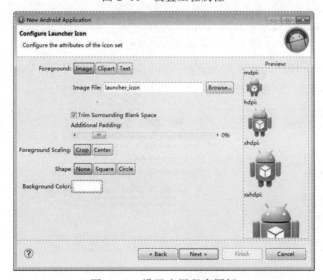

图 2-12　设置应用程序图标

（4）单击"Next"按钮，选择所创建活动的样式，如图2-13所示。

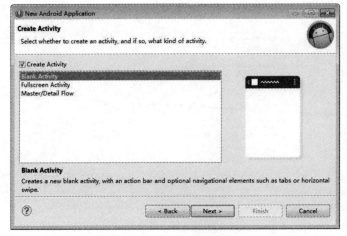

图2-13　设置活动的样式

（5）单击"Next"按钮，输入所创建活动和布局的名称，如图2-14所示。

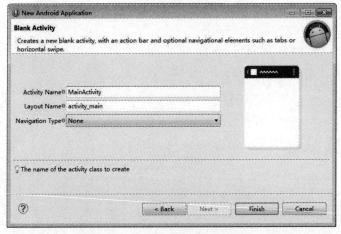

图2-14　输入活动和布局的名称

（6）单击"Finish"按钮完成工程的创建，Eclipse左侧"Package Explorer"中将显示新建的"Helloworld"工程，如图2-15所示。

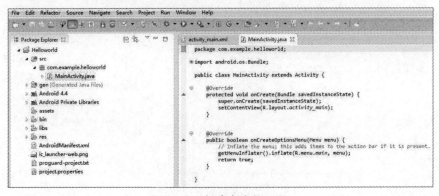

图2-15　创建完成的工程

2）创建模拟器

从 Android 1.5 开始引入了 Android 模拟器（Android Virtual Device，AVD），以便让用户更好地模拟真实设备。Android 模拟器提供了大多数物理硬件设备的硬件和软件特征。当然，它与真机还是有一些区别的。例如，它不能接打电话、不能拍照等。

（1）在 Eclipse 中单击"Window→Android Virtual Device Manager"命令，如图 2-16 所示。弹出"Android Virtual Device Manager"对话框，如图 2-17 所示。

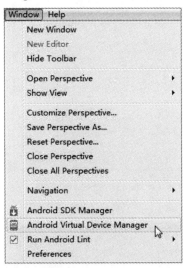

图 2-16　单击"Android Virtual Device Manager"命令

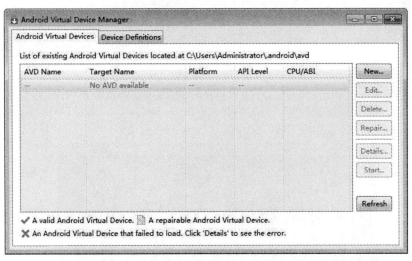

图 2-17　"Android Virtual Device Manager"对话框

（2）单击"New"按钮，弹出"Create new Android Virtual Device（AVD）"对话框，输入模拟器名（Name）称、API 等级（Target）、设备样式（Device）、SD 卡大小（Size）、模拟器风格（Skin）等参数，如图 2-18 所示。

（3）单击"OK"按钮，完成 Android 模拟器的创建，如图 2-19 所示。

（4）选择新创建的模拟器并单击"Start"按钮，启动 Android 模拟器，如图 2-20 所示。

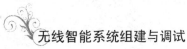
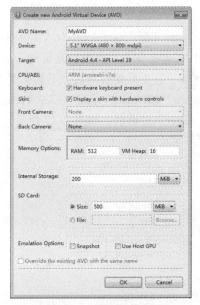

图 2-18　设置模拟器参数

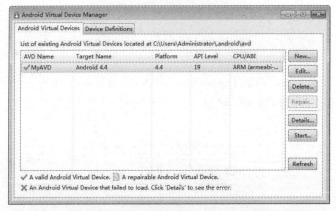

图 2-19　新创建的 Android 模拟器

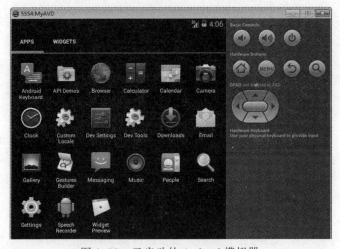

图 2-20　已启动的 Android 模拟器

3）发布工程

在 Eclipse 中选择"Package Explorer"中的"Helloworld"工程，单击"Run→ Run As→ Android Application"命令，如图 2-21 所示。

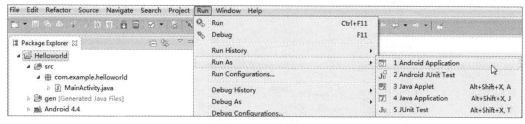

图 2-21 单击"Android Application"命令

系统将把"Helloworld"工程发布到模拟器上并运行程序，结果如图 2-22 所示。

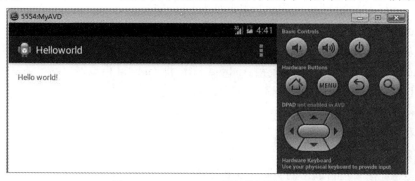

图 2-22 Helloworld 程序的运行结果

2. Android **工程的目录结构**

一个 Android 工程项目包括 src、gen、Android4.4、assets、bin 和 res 等文件夹以及 AndroidManifest.xml、proguard.cfg、project. properties 等文件，如图 2-23 所示。

1）src 文件夹

该文件夹存放了项目源代码。新建项目时，系统生成了一个 MainActivity.java 文件，它导入了 android.os.Bundle 和 android.app. Activity 两个类。MainActivity 类继承自 Activity 且重写了 onCreate() 方法。

2）gen 文件夹

该文件夹下面有一个项目创建时自动生成并自动更新的 R.java 文件，它是只读文件，不允许用户修改。R.java 文件中定义了一个 类 R，如图 2-24 所示。类中包含很多静态类，且静态类的名字都与 res 中的一个资源对应，即 R 类定义了 res 目录下所有资源的索引。 通过 R.java 程序可以很快地查找到需要的资源，且通过检查 R.java 列表，编译器不会将没有被使用到的资源编译进应用程序包中，以 减少手机中的空间占用。

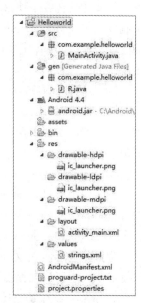

图 2-23 Android 工程的
目录结构

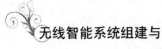

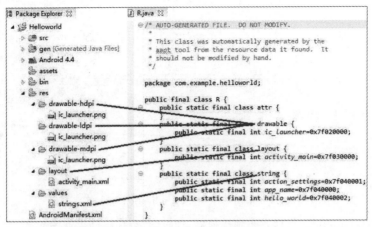

图 2-24　R.java 文件结构

3）Android 4.4 文件夹

该文件夹中有 Java 归档文件 android.jar，包含了构建项目所需的所有 Android SDK 库和 API。通过 android.jar 将应用程序绑定到 Android SDK 和 Android 模拟器，使得项目可以使用所有 Android 的库和包，并且可以在适当的环境中调试。

4）assets 文件夹

该文件夹用来保存原始的资源文件。

5）bin 文件夹

该文件夹中存放了项目输出的 apk 文件和资源。

6）res 文件夹

该文件夹包含了项目中的所有资源，向此文件夹添加的资源，会被 R.java 自动索引。res 中有 5 个子文件夹，drawabel–hdpi、drawabel–ldpi、drawabel–mdpi 分别用来存放不同分辨率的图标文件；layout 子文件夹存放布局文件 activity_main.xml；values 子文件夹保存常量文件 strings.xml。

7）AndroidManifest.xml 文件

该文件为项目的总配置文件，存储整个项目的配置数据，记录了应用程序中所使用的各种组件，列出了应用程序所提供的功能，指出了应用程序使用到的服务（如电话、互联网、短信、GPS 等）。当向应用程序中添加新的 Activity 时，需要在此文件中注册。

8）project.properties 文件

该文件由 Android Tools 自动生成，不允许修改。文件中记录了项目所需要的环境信息，如 Android API 的最低兼容版本等。

9）proguard–project.txt 文件

该文件是 Java 类文件的压缩、优化、混淆器，用于删除没有用的类、字段、方法与属性，以使字节码达到最大程度地优化。作为配置文件，没有必要时可以不做修改。

3. Android 主要文件的分析

1）MainActivity.java 程序代码

```
package com.example.helloworld;
import android.os.Bundle;
```

```
import android.app.Activity;
import android.view.Menu;
public class MainActivity extends Activity {
    @Override
    protected void onCreate(Bundle savedInstanceState) {
        super.onCreate(savedInstanceState);
        setContentView(R.layout.activity_main);
    }
}
```

MainActivity 比较简单，它继承自 Activity，并覆盖了 onCreate()方法。在该方法中调用了父类的构造方法，然后调用 setContentView()显示视图界面 activity_main.xml。R.layout.activity_main 是 R 类的一个属性。

在方法前面加上@Override 系统可以帮助检查方法的正确性。例如，public void onCreate()这种写法是正确的，如果写成 public void oncreate()，则编译器会报错，以确保正确重写 onCreate 方法。如果不加@Override，则编译器会认为是新定义了一个方法 oncreate，检测不出书写错误。

2）R.java 程序代码

```
package com.example.helloworld;
public final class R {
        public static final class attr {
    }
    public static final class drawable {
        public static final int ic_launcher=0x7f020000;
    }
    public static final class id {
        public static final int action_settings=0x7f080000;
    }
    public static final class layout {
        public static final int activity_main=0x7f030000;
    }
    public static final class string {
        public static final int action_settings=0x7f050001;
        public static final int app_name=0x7f050000;
        public static final int hello_world=0x7f050002;
    }
}
```

R 类是一个资源索引类，由系统自动生成，无需修改。根据不同的资源类型，该类中包含了不同的静态内部类，attr 中声明了属性；drawable 中声明了一些图片资源；layout 中声明了布局文件；string 中声明了字符串。MainActivity.java 程序代码中 setContentView（R.layout.activity_main）通过访问资源类 R 的内部类 layout 的 activity_main 属性来访问工程 layout 文件夹下的 activity_main.xml 布局文件，在界面上展示视图组件。

代码中定义了很多常量，这些常量的名字都与 res 文件夹中的文件名相同，这再次证明了 R.java 文件中所存储的是该项目所有资源的索引。有了这个文件，就可以很快地找到要用的资源。由于此文件不能手动编辑，所以在项目中加入新的资源时，只需要刷新该项目，R.java 文件便自动更新所有资源的索引。

3）activity_main.xml 布局文件

```xml
<?xml version="1.0" encoding="utf-8"?>
<LinearLayout
xmlns:android="http://schemas.android.com/apk/res/android"
    android:orientation="vertical"
    android:layout_width="fill_parent"
    android:layout_height="fill_parent">
    <TextView
        android:layout_width="wrap_content"
        android:layout_height="wrap_content"
        android:text="@string/hello_world"/>
</LinearLayout>
```

该文件是一个 XML 文件，声明了程序中使用的视图组件。Android 通过这种方法将程序的表现层与控制层分开，降低了程序的耦合性，提高了程序的可配置性。也可以在程序中编码实现视图组件。

activity_main.xml 布局文件第一行是 XML 文件的版本和编码声明。第二行是一个线性布局，该布局以垂直或水平方式摆放控件。Orientation 属性控制摆放方式，值为"vertical"表示垂直摆放，为"horizontal"表示水平摆放；layout_width 属性和 layout_height 属性分别控制视图的宽度和高度，值为"fill_parent"或"match_parent"表示充满父组件（屏幕）；值为"wrap_content"表示依据自身内容调整。线性布局中放置了一个文本视图，text 属性控制文本内容，值为""@string/hello_world"表示文本内容引用 string.xml 文件中的 hello_world 元素。

4）string.xml 文件代码

```xml
<?xml version="1.0" encoding="utf-8"?>
<resources>
    <string name="app_name">Helloworld</string>
    <string name="action_settings">Settings</string>
    <string name="hello_world">Hello world!</string>
</resources>
```

该文件也是一个 XML 文件，声明了系统中使用到的字符串常量，项目中所有使用的常量都可以通过这种 XML 文件的方式定义。这样有两个好处：一是降低了程序的耦合性；二是 Android 通过一种特殊的方式来使用这些字符串，提高了程序的运行效率。运行结果中显示的程序标题和文本内容都来自该文件。在 XML 文件的组件定义中，可使用"@string/"的形式引用字符串，如"@string/ hello_world"；在程序中，首先通过 Context 的 getResources()实例化一个 Resources 对象，然后用 Resources 的 getString()方法取得指定索引的字符串。Java 代码如下：

```java
Resources r=this.getContext().getResources();
String hello=((String)r.getString(R.string. hello_world));
```

5）AndroidManifest.xml 文件代码

```xml
<?xml version="1.0" encoding="utf-8"?>
<manifest xmlns:android="http://schemas.android.com/apk/res/android"
    package="com.example.helloworld"
    android:versionCode="1"
    android:versionName="1.0">
    <uses-sdk android:minSdkVersion="8"
        android:targetSdkVersion="18"/>
    <application android:icon="@drawable/ic_launcher" android:label=
```

```
         "@string/app_name">
    <activity android:name="com.example.helloworld.MainActivity"
        android:label="@string/app_name">
        <intent-filter>
            <action android:name="android.intent.action.MAIN" />
            <category android:name="android.intent.category.LAUNCHER" />
        </intent-filter>
    </activity>
    </application>
</manifest>
```

每一个 Android 工程都有一个名为 "AndroidManifest.xml" 的配置文件，它是 Android 工程的一个全局配置文件。Android 中使用的所有应用程序组件（Activity、Service、BroadcastReceiver 和 ContentProvider）都要在该文件中声明。在这个文件中还可以声明一些权限以及 SDK 的最低版本信息。

（1）文件第一行<?xml version="1.0" encoding="utf-8"?>是 XML 文件版本和编码的声明。

（2）<manifest.../>是根元素，指定了命名空间、包名称、版本代码号和版本名称等信息。

（3）<application.../>子元素的 ico 和 label 属性分别指定了程序的图标和标题，需要注意的是，每个 AndroidManifest.xml 文件中只能有一个<application.../>子元素。

（4）所有 Activity 组件都必须使用<activity.../>元素在 AndroidManifest.xml 文件中声明，Activity 组件声明中的 name 和 label 属性分别指定了 Activity 的类名和标题。

（5）<intent-filter.../>是找到对应 Activity 的过滤器，描述了 Activity 启动位置和时间，当一个 Activity 要执行操作时，系统会和<application.../>中的<intent-filter.../>比较，找到最适合的 Activity。<action android:name="android.intent.action.MAIN"/>表明 Activity 是程序入口，<category android:name="android.intent.category.LAUNCHER"/>表明 Activity 显示在屏幕启动栏中。

（6）<uses-sdk android:minSdkVersion="8"/>表明了使用的 SDK 最低版本。

任务 2.2 开发用户界面程序

Android 用户界面（User Interface，UI）设计使用了 Java 的 UI 设计思想，主要包括布局管理（Layout）、事件响应（Listener）、图标（Icon）、菜单（Menu）、对话框（Dialog）、提示框（Toast）、风格和主题、定制控件（Widget）等。

所有 UI 类均源于 View 类和 ViewGroup 类，View 类的子类称为控件（Widget），ViewGroup 类的子类称为布局（Layout），如图 2-25 所示。ViewGroup 通过各种 Layout，控制所属 View 的显示方式，形成组合设计。

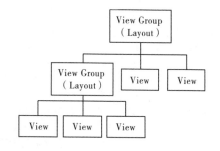

图 2-25 UI 类之间的关系

2.2.1 界面布局

控件在手机屏幕上的呈现方式称为"布局（Layout）"，布局中需要描述控件的大小、间距、对齐方式等。在创建 Layout 时，首先将需要呈现的控件在 XML 配置文件中进行声明，然后在程序中通过 setContentView(View)方法将布局呈现在 Activity 中，最后在程序中通过 findViewById(Id)方法获得各控件实例。Android 提供了一些预定义的布局视模型，包括线性布局（LinearLayout）、相对布局（RelativeLayout）、表格布局（TableLayout）、框架布局（FrameLayout）等。

1. 线性布局（LinearLayout）

线性布局方式是应用程序中最常用的布局方式，主要提供控件水平或者垂直排列的模型。在一个方向上（垂直或水平）对齐所有子元素，所有子元素逐一堆放，一个垂直列表的每行只有一个子元素(无论它们有多宽)，一个水平列表只是一列的高度(最高子元素的高度)。要实现二维平面布局，需要进行嵌套。

【例 2-1】建立名为 ch2_1 的 Android 工程，在 res\layout\目录下创建一个布局资源文件 activity_main.xml，在 XML 文件中定义 3 个 LinearLayout，最外层的 LinearLayout 为垂直对齐所有子元素，里面的两个 LinearLayout 分别为垂直和水平对齐所有子元素。

activity_main.xml 代码如下：

```
<?xml version="1.0" encoding="utf-8"?>
<LinearLayout
xmlns:android="http://schemas.android.com/apk/res/android"
    android:orientation="vertical"
    android:layout_width="match_parent"
    android:layout_height="match_parent">
    <LinearLayout android:id="@+id/layout1"
        android:orientation="vertical"
        android:layout_width="fill_parent"
        android:layout_height="wrap_content">
        <Button android:layout_width="wrap_content"
            android:layout_height="wrap_content"
            android:text="垂直布局"/>
        <Button android:layout_width="wrap_content"
            android:layout_height="wrap_content"
            android:text="垂直布局"/>
    </LinearLayout>
    <LinearLayout android:id="@+id/layout2"
        android:orientation="horizontal"
        android:layout_width="wrap_content"
        android:layout_height="fill_parent">
        <Button android:layout_width="wrap_content"
            android:layout_height="wrap_content"
            android:text="水平布局"/>
        <Button android:layout_width="wrap_content"
            android:layout_height="wrap_content"
            android:text="水平布局"/>
    </LinearLayout>
</LinearLayout>
```

这里的 activity_main.xml 布局文件使用了嵌套的概念。在根节点定义了一个垂直线性布局，通过 android:orientation="vertical"实现垂直特性。在根节点下安放了两个线性布局，一个是垂直线性布局，一个是水平线性布局。每个 LinearLayout 中放了两个 Button 控件，在垂直线性布局中它们垂直排列，在水平线性布局中它们水平排列。程序运行结果如图 2-26 所示。

图 2-26　程序运行结果

2. 相对布局（RelativeLayout）

相对布局允许子控件设置在一个与父控件或其他子控件保持相对关系的位置上。在相对布局中设置控件位置前，必须先定义它的参照控件。相对布局的常用属性如表 2-1 所示。

表 2-1　相对布局的常用属性

属性名称	功能描述
layout_centerInParent	在父控件中居中
layout_centerVertical	在父控件中垂直居中
layout_centerHorizontal	在父控件中水平居中
layout_ alignParentTop	与容器顶部对齐
layout_ alignParentBottom	与容器底部对齐
layout_ alignParentLeft	与容器左对齐
layout_ alignParentRight	与容器右对齐
layout_above	在指定控件的上方
layout_below	在指定控件的下方
layout_toLeftOf	在指定控件的左侧
layout_toRightOf	在指定控件的右侧
layout_ alignTop	与指定控件顶部对齐
layout_ alignBottom	与指定控件底部对齐
layout_ alignLeft	与指定控件左侧对齐
layout_ alignRight	与指定控件右侧对齐

【例 2-2】建立名为 ch2_2 的 Android 工程，在 res\layout\目录下创建一个布局资源文件 activity_main.xml，在 XML 文件中定义一个 RelativeLayout，内有 4 个按钮，第一个按钮默认在屏幕左上角，第二个按钮相对于第一个按钮的位置在其右侧，第三个按钮在第二个按钮的下方，第四个按钮相对于 RelativeLayout 来说位置垂直居中。

activity_main.xml 代码如下：

```
<?xml version="1.0" encoding="utf-8"?>
<RelativeLayout
xmlns:android="http://schemas.android.com/apk/res/android"
    android:layout_width="fill_parent"
```

```
android:layout_height="fill_parent">
<Button android:id="@+id/button1" android:text="相对布局"
    android:layout_width="wrap_content"
    android:layout_height="wrap_content"/>
<Button android:id="@+id/button2" android:text="相对布局"
    android:layout_width="wrap_content"
    android:layout_height="wrap_content"
    android:layout_toRightOf="@+id/button1"/>
<Button android:id="@+id/button3" android:text="相对布局"
    android:layout_width="wrap_content"
    android:layout_height="wrap_content"
    android:layout_below="@+id/button2"
    android:layout_alignRight="@+id/button2"/>
<Button android:id="@+id/button4" android:text="相对布局"
    android:layout_width="wrap_content"
    android:layout_height="wrap_content"
    android:layout_centerVertical="true"/>
</RelativeLayout>
```

上述代码中用到了很多描述相对位置的属性，如 layout_toRightOf、layout_below 和 layout_alignRight，分别表示将控件置于该属性值（控件 id）所指向控件的右侧、下方和右对齐。这些属性的格式都为 "@id/idname" 的形式，因此前面作为参照的控件一定要定义 id。还有一些属性描述了控件与父控件的位置关系，如 layout_centerVertical，它们的值用 true 或 false 来描述，这个属性表示控件与父控件右对齐，其他读者可以类推。程序运行结果如图 2-27 所示。

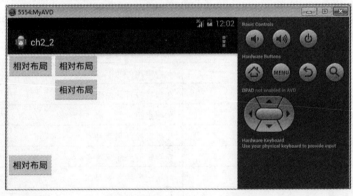

图 2-27　程序运行结果

3. 表格布局（TableLayout）

表格布局 TableLayout 是将子元素放入表格的行和列中。每个表格可以有多个 TableRow 来定义多行。应该注意的是，它并不显示表格的边框线。TableLayout 一般都会与 TableRow 配合使用。TableLayout 放在最底层，TableRow 放在 TableLayout 的上面，而其他控件放在 TableRow 上。表格布局的常用属性如表 2-2 所示。

表 2-2　表格布局的常用属性

属性名称	功能描述
layout_column	控件在 TableRow 中所处的列

续表

属性名称	功能描述
layout_span	控件所跨越的列数
collapseColumns	将指定的列隐藏（列号从 0 开始，若有多列，用逗号分隔，下同）
stretchColumns	将指定的列设为可伸展的列，该列会尽量伸展以填满空间
shrinkColumns	将指定的列设为可收缩的列，该列会收缩以适应屏幕

【例 2-3】建立名为 ch2_3 的 Android 工程，在 res\layout\目录下创建一个布局资源文件 activity_main.xml，在 XML 文件中定义一个 TableLayout，并增加三行 TableRow 用来放置 TextView。

activity_main.xml 代码如下：

```xml
<?xml version="1.0" encoding="utf-8"?>
<TableLayout xmlns:android="http://schemas.android.com/apk/res/android"
    android:layout_width="match_parent"
    android:layout_height="match_parent">
    <TableRow>
        <TextView android:text="第0列" android:layout_weight="1"/>
        <TextView android:text="第1列" android:layout_weight="1"/>
        <TextView android:text="第2列" android:layout_weight="1"/>
        <TextView android:text="第3列" android:layout_weight="1"/>
    </TableRow>
    <TableRow android:gravity="center">
        <TextView android:text="第0列"/>
    </TableRow>
    <TableRow>
        <TextView android:text="第0列" android:layout_weight="1"/>
        <TextView android:text="第1列" android:layout_weight="1"/>
        <TextView android:text="第2列" android:layout_weight="1"/>
    </TableRow>
</TableLayout>
```

程序运行结果如图 2-28 所示。

图 2-28　程序运行结果

4. 框架布局（FrameLayout）

框架布局是最简单的布局方式，所有添加到这个布局中的视图都以层叠的方式显示。第一个添加的控件放到最底层，最后添加到框架中的视图显示在最上面，下层控件将会被覆盖。

【例 2-4】建立名为 ch2_4 的 Android 工程，在 res\layout\目录下创建一个布局资源文件 activity_main.xml，在 XML 文件中定义一个 FrameLayout，并增加 3 个 TextView 控件，字体由

大到小。

activity_main.xml 代码如下：

```xml
<?xml version="1.0" encoding="utf-8"?>
<FrameLayout xmlns:android="http://schemas.android.com/apk/res/android"
    android:layout_width="fill_parent"
    android:layout_height="wrap_content">
    <TextView android:text="一大" android:textSize="160dip"
        android:layout_width="wrap_content"
        android:layout_height="wrap_content"
        android:layout_gravity="center"/>
    <TextView android:text="二大" android:textSize="60dip"
        android:layout_width="wrap_content"
        android:layout_height="wrap_content"
        android:layout_gravity="center"/>
    <TextView android:text="三大" android:textSize="12dip"
        android:layout_width="wrap_content"
        android:layout_height="wrap_content"
        android:layout_gravity="center"/>
</FrameLayout>
```

程序运行后，3 个控件显示的内容重叠在了一起，最后添加到框架中的视图在最上面，下层控件将会被覆盖，如图 2-29 所示。

图 2-29　程序运行结果

2.2.2　常用控件

Android 为开发程序提供了许多控件，常用的有文本框（TextView）、列表（ListView）、编辑框（EditText）、图片视图（ImageView）、单项选择（RadioGroup/RadioButton）、多项选择（CheckBox）、下拉列表（Spinner）、按钮（Button）和图标按钮（ImageButton）等。

1. 文本框（TextView）

TextView 用来设置文本内容，其属性较多，常用的属性如表 2-3 所示。可以在布局文件中设置这些属性，并在屏幕中显示出来。也可以在 Java 代码中创建 TextView 并显示在屏幕上，如例 2-5 所示。

表 2-3　文本框的常用属性

属性名称	功能描述
autoLink	设置当文本为 URL 链接 /email/ 电话号码 /map 时，是否显示为可点击的链接，可选值为 none/web/email/phone/ map/all
MaxLength	限制文本显示的长度，超出部分不显示

续表

属性名称	功能描述
text	设置显示的文本
textColor	设置文本颜色
textSize	设置文本大小，推荐度量单位"sp"
textStyle	设置文本字形[bold（粗体）0/italic（斜体）1/bolditalic（又粗又斜）2]，可以设置一个或多个，用"|"隔开
typeface	设置文本字体，必须是以下常量值之一：Normal 0/sans 1/serif 2/monospace（等宽字体）3
height	设置文本区域的高度，支持度量单位：px/dp/sp/in/mm
maxHeight	设置文本区域的最大高度
minHeight	设置文本区域的最小高度
width	设置文本区域的宽度，支持度量单位：px/dp/sp/in/mm
maxWidth	设置文本区域的最大宽度
minWidth	设置文本区域的最小宽度

【例 2-5】建立名为 ch2_5 的 Android 工程，打开 src 文件夹下的包 com.example.ch2_5 中的 MainActivity 类，修改代码如下：

```
package com.example.ch2_5;
import android.os.Bundle;
import android.app.Activity;
import android.widget.TextView;
public class MainActivity extends Activity {
    protected void onCreate(Bundle savedInstanceState) {
        super.onCreate(savedInstanceState);
        setContentView(R.layout.activity_main);
        TextView tv=new TextView(this);  //创建一个 TextView 实例
        tv.setText("本行文字是通过 Java 代码实现的");  //设置显示的文字
        setContentView(tv);  //设置在屏幕上显示
    }
}
```

程序运行结果如图 2-30 所示。

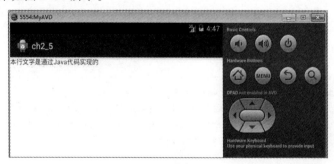

图 2-30 程序运行结果

2. 列表（ListView）

在 Android 开发中 ListView 是比较常用的控件，它以列表的形式展示具体内容，并且能够根据数据的长度自适应显示。ListView 中的每个子项 Item 可以是一个字符串，也可以是一个组合控件。例 2-6 中每个条目由两个 TextView 组成。

【例 2-6】建立名为 ch2_6 的 Android 工程，在 res\layout\目录下创建一个布局资源文件 activity_main.xml，在 XML 文件中定义一个 ListView，并增加一个 listview_item.xml 文件用来显示 ListView 每个条目的 Layout。

activity_main.xml 代码如下：

```xml
<?xml version="1.0" encoding="utf-8"?>
<LinearLayout
xmlns:android="http://schemas.android.com/apk/res/android"
    android:orientation="vertical"
    android:layout_width="match_parent"
    android:layout_height="match_parent">
    <ListView android:id="@+id/listView1"
        android:layout_width="fill_parent"
        android:layout_height="wrap_content"
        android:text="@string/hello_world"/>
</LinearLayout>
```

listview_item.xml 代码如下：

```xml
<?xml version="1.0" encoding="utf-8"?>
<LinearLayout
xmlns:android="http://schemas.android.com/apk/res/android"
    android:orientation="horizontal"
    android:layout_width="fill_parent"
    android:layout_height="fill_parent">
    <TextView android:id="@+id/name" android:text="TextView01"
        android:layout_height="30dip"
        android:layout_width="180dip"/>
    <TextView android:id="@+id/ip" android:text="TextView02"
        android:layout_height="fill_parent"
        android:layout_width="fill_parent"
        android:gravity="right"/>
</LinearLayout>
```

打开 src 文件夹下的包 com.example.ch2_6 中的 MainActivity 类，修改代码如下：

```java
package com.example.ch2_6;
import java.util.ArrayList;
import java.util.HashMap;
import android.os.Bundle;
import android.app.Activity;
import android.widget.ListView;
import android.widget.SimpleAdapter;
public class MainActivity extends Activity {
    protected void onCreate(Bundle savedInstanceState) {
        super.onCreate(savedInstanceState);
        setContentView(R.layout.activity_main);
        //获取 ListView 对象
        ListView list=(ListView)findViewById(R.id.listView1);
        //定义一个 ArrayList 数组，数组元素为 HashMap 类型
```

```
        ArrayList<HashMap<String,String>> Item=new ArrayList<HashMap
    <String,String>>();
        //实例化 HashMap
        HashMap<String,String> map1=new HashMap<String,String>();
        HashMap<String,String> map2=new HashMap<String,String>();
        HashMap<String,String> map3=new HashMap<String,String>();
        //向 HashMap 中放入数据
        map1.put("name", "章文");
        map1.put("IP", "192.168.1.100");
        //向 Item 数组中放入元素
        Item.add(map1);
        map2.put("name", "孙俪");
        map2.put("IP", "192.168.1.101");
        Item.add(map2);
        map3.put("name", "王庆");
        map3.put("IP", "192.168.1.102");
        Item.add(map3);
        String[] key={"name","IP"};
        int[] id={R.id.name,R.id.ip};
        //生成适配器的 Item 和动态数组对应的元素,SimpleAdapter 作为 ListView 的数据源
        SimpleAdapter sa=new SimpleAdapter(this,Item,R.layout.listview_
    item,key,id);
        //添加数据源并显示
        list.setAdapter(sa);
        }
    }
```

这里用到了数据适配器,根据类型不同,数据适配器可分为 ArrrayAdapter、SimpleAdapter 和 SimpleCursorAdapter 三种。其中 ArrrayAdapter 最为简单,只能展示一行字。SimpleAdapter 具有最好的扩充性,可以自定义各种效果。SimpleCursorAdapter 是 SimpleAdapter 对数据库的结合,可以方便地把内容以列表的形式展示出来。SimpleAdapter 的构造函数为:

```
public SimpleAdapter(Context context,List<?extends Map<String,?>>
data,int resource,String[] from,int[] to)
```

第一个参数 Context 是 SimpleAdapter 所要关联的视图,一般是 SimpleAdapter 所在的 Activity,因此这个参数一般为"当前 Activity 的名字.this"。

第二个参数是一个列表,一般采用 ArrrayList,它内部存储的是 Map 或继承自 Map 的对象,如 HashMap。ArrrayList 作为数据源,它的每一行就代表呈现出来的一行,Map 的键就是这一行的列名,值也是列名。

第三个参数是资源文件,就是要加载每行中的两列所需要的视图资源文件,一般在 Layout 中建立相应的 XML 文件,如 listview_item.xml。它左右两侧各有一个 TextView,其目的在于呈现左右两列的值。

第四个参数是一个 String 类型的数组,主要将 Map 对象中的名称映射到列名。

第五个参数是第四个参数的值所对应对象的 id,它是一个 int 类型的数组,元素值就是 Layout 中 XML 文件中 TextView 的 id。

程序运行结果如图 2-31 所示。

图 2-31　程序运行结果

3. 按钮（Button）和图片按钮（ImageButton）

Android SDK 包含了两个按钮控件，即 Button 和 ImageButton，它们功能相似，区别在于 Button 控件只有一个文本标签，而 ImageButton 可通过 src 属性显示一个图片资源。

【例 2-7】建立名为 ch2_7 的 Android 工程，在 res\layout\目录下创建一个布局资源文件 activity_main.xml，在 XML 文件中分别定义了一个 TextView、Button 和 ImageButton。

activity_main.xml 代码如下：

```xml
<?xml version="1.0" encoding="utf-8"?>
<LinearLayout
xmlns:android="http://schemas.android.com/apk/res/android"
    android:orientation="vertical"
    android:layout_width="fill_parent"
    android:layout_height="fill_parent">
    <TextView android:id="@+id/textView1" android:text=""
        android:layout_width="wrap_content"
        android:layout_height="wrap_content"/>
    <Button android:id="@+id/button1" android:text="普通按钮"
        android:layout_width="wrap_content"
        android:layout_height="wrap_content"/>
    <ImageButtonandroid:id="@+id/button2" android:src="@drawable/qingwa"
        android:layout_width="wrap_content"
        android:layout_height="wrap_content"/>
</LinearLayout>
```

打开 src 文件夹下的包 com.example.ch2_7 中的 MainActivity 类，修改代码如下：

```java
package com.example.ch2_7;
import android.os.Bundle;
import android.view.View;
import android.view.View.OnClickListener;
import android.widget.Button;
import android.widget.ImageButton;
import android.widget.TextView;
import android.app.Activity;
public class MainActivity extends Activity {
    protected void onCreate(Bundle savedInstanceState) {
        super.onCreate(savedInstanceState);
        setContentView(R.layout.activity_main);
        //获取 TextView、Button 和 ImageButton 对象
```

```
final TextView tv=(TextView)findViewById(R.id.textView1);
Button bt1=(Button)findViewById(R.id.button1);
ImageButton bt2=(ImageButton)findViewById(R.id.button2);
//为普通按钮绑定监听器
bt1.setOnClickListener(new OnClickListener() {
    public void onClick(View arg0) {tv.setText("这是一个普通按钮");}
});
//为图片按钮绑定监听器
bt2.setOnClickListener(new OnClickListener() {
    public void onClick(View arg0) {tv.setText("这是一个图片按钮");}
});
    }
}
```

对按钮控件来说，单击（OnClick）事件是最常发生的。上述代码中采用绑定的方法来响应按钮的单击事件。基于绑定的事件处理机制包括事件源、事件和事件监听器 3 个部分。事件源是指产生事件的组件、硬件、资源等；事件是对动作的描述，如单击事件、按键事件，常见事件有 onClick、onKey、onTouch、onFocusChange、onCreate、onPause 等；事件监听器（Listener）用于监听事件的发生。本例中，首先通过 findViewById()方法获取 TextView、Button 和 ImageButton 对象，然后使用 new 关键字将匿名内部类实例化为单击事件监听器，最后调用按钮控件的 setOnClickListener()方法把按钮对象和监听器绑定在一起。按钮被单击后会产生 OnClick 消息，系统根据这一消息调用按钮绑定的监听器来处理事件。程序运行结果如图 2-32 所示。

图 2-32　程序运行结果

4. 提示（Toast）

Toast 是 Android 中用来显示提示信息的一种机制，是一种提供给用户简洁信息的视图，

Toast 类帮助用户创建和显示信息。该视图以浮动于应用程序之上的形式呈现给用户。因为它不获得焦点，所以即使用户正在输入也不会受到影响。它的目标是尽可能以不显眼的方式，使用户看到提供的信息。但 Toast 显示的时间有限，过一定的时间就会自动消失。使用该类最简单的方法就是调用一个静态方法 makeText()，来构造需要的一切并返回一个新的 Toast 对象。

【例 2-8】建立名为 ch2_8 的 Android 工程，在 res\layout\目录下创建一个布局资源文件 activity_main.xml，在 XML 文件中定义两个按钮。

activity_main.xml 代码如下：

```xml
<?xml version="1.0" encoding="utf-8"?>
<LinearLayout
xmlns:android="http://schemas.android.com/apk/res/android"
    android:orientation="vertical"
    android:layout_width="fill_parent"
    android:layout_height="fill_parent">
    <Button
        android:id="@+id/button1" android:text="long toast"
        android:layout_width="fill_parent"
        android:layout_height="wrap_content"/>
    <Button
        android:id="@+id/button2" android:text="short toast"
        android:layout_width="fill_parent"
        android:layout_height="wrap_content"/>
</LinearLayout>
```

打开 src 文件夹下的包 com.example.ch2_8 中的 MainActivity 类，修改代码如下：

```java
package com.example.ch2_8;
import android.os.Bundle;
import android.view.View;
import android.view.View.OnClickListener;
import android.widget.Button;
import android.widget.Toast;
import android.app.Activity;
public class MainActivity extends Activity {
    protected void onCreate(Bundle savedInstanceState) {
        super.onCreate(savedInstanceState);
        setContentView(R.layout.activity_main);
        //获得button 的实例
        Button btn1=(Button)findViewById(R.id.button1);
        //为 button1 添加按钮事件
        btn1.setOnClickListener(new OnClickListener() {
            public void onClick(View arg0) {
                //定义一个 Toast
                Toast toast=Toast.makeText(MainActivity.this,"这是一个长时间
的 Toast",Toast.LENGTH_LONG);
                //显示 Toast
                toast.show();
            }
        });
        //获得button 的实例
```

```
Button btn2=(Button)findViewById(R.id.button2);
//为 button2 添加按钮事件
btn2.setOnClickListener(new OnClickListener() {
    public void onClick(View arg0) {
        //定义一个 Toast
        Toast toast=Toast.makeText(MainActivity.this,"这是一个短时间
的 Toast", Toast.LENGTH_SHORT);
        //显示 Toast
        toast.show();
    }
});
}
```

程序运行结果如图 2-33 所示。

图 2-33　程序运行结果

5. 编辑框（EditText）

Android 中 EditText 的主要功能是作为简单的文本输入框，由于它继承自 TextView 类，所以功能上与 TextView 有很多相似之处，XML 属性如表 2-4 所示。

表 2-4　编辑框的常用属性

属性名称	功能描述
autoText	如果设置，将自动执行输入值拼写纠正，在显示输入法并输入时起作用
digits	设置允许输入哪些字符。如"1234567890.+ - * / % \n ( )"
gravity	设置文本位置，如设置成"center"，文本将居中显示

续表

属性名称	功能描述
password	以小圆点 "." 显示文本
phoneNumber	设置为电话号码的输入方式
singleLine	设置单行显示，如果与 layout_width 一起使用，当文本不能全部显示时，后面用 "…" 表示。如果不设置 singleLine 或者设置为 false，文本将自动换行
text	设置显示的文本
textColor	设置文本颜色
textSize	设置文本大小，推荐度量单位 "sp"
height	设置文本区域的高度，支持度量单位：px/dp/sp/in/mm
maxHeight	设置文本区域的最大高度
minHeight	设置文本区域的最小高度
width	设置文本区域的宽度，支持度量单位：px/dp/sp/in/mm
maxWidth	设置文本区域的最大宽度
minWidth	设置文本区域的最小宽度

【例 2-9】建立名为 ch2_9 的 Android 工程，在 res\layout\目录下创建一个布局资源文件 activity_main.xml，在 XML 文件中定义一个 EditText 和一个 Button。

activity_main.xml 代码如下：

```xml
<?xml version="1.0" encoding="utf-8"?>
<LinearLayout
xmlns:android="http://schemas.android.com/apk/res/android"
    android:orientation="vertical"
    android:layout_width="fill_parent"
    android:layout_height="fill_parent">
    <EditText android:id="@+id/editText1"
        android:layout_width="fill_parent"
        android:layout_height="wrap_content"
        android:digits="1234567890.+-*/%\n()"/>
    <Button android:id="@+id/button1" android:text="OK"
        android:layout_width="wrap_content"
        android:layout_height="wrap_content"
        android:layout_gravity="center_horizontal"/>
</LinearLayout>
```

打开 src 文件夹下的包 com.example.ch2_9 中的 MainActivity 类，修改代码如下：

```java
package com.example.ch2_9;
import android.os.Bundle;
import android.view.View;
import android.view.View.OnClickListener;
import android.widget.Button;
import android.widget.EditText;
import android.widget.Toast;
import android.app.Activity;
public class MainActivity extends Activity {
    protected void onCreate(Bundle savedInstanceState) {
```

```
        super.onCreate(savedInstanceState);
        setContentView(R.layout.activity_main);
        Button bn=(Button)findViewById(R.id.button1);
        bn.setOnClickListener(new OnClickListener() {
            public void onClick(View arg0) {
                EditText et=(EditText)findViewById(R.id.editText1);
                String str=et.getText().toString();
                Toast.makeText(MainActivity.this,str,
Toast.LENGTH_LONG).show();
            }
        });
    }
}
```

程序运行后，除"1234567890.+-*/%\n()"数字和符号之外，其他输入的字符不能显示。单击"OK"按钮后，会提示输入的内容，如图 2-34 所示。

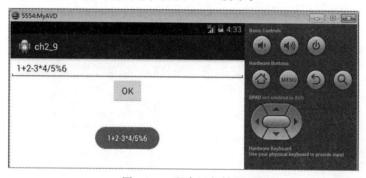

图 2-34   程序运行结果

6. 图片视图（ImageView）

ImageView 主要用来显示图片，可以在布局文件的 XML 属性中设置图片，也可以要 Java 代码中设置图片。

【例 2-10】建立名为 ch2_10 的 Android 工程，在 res\layout\目录下创建一个布局资源文件 activity_main.xml，在 XML 文件中定义一个 ImageView 和一个 Button。

activity_main.xml 代码如下：

```xml
<?xml version="1.0" encoding="utf-8"?>
<LinearLayout
xmlns:android="http://schemas.android.com/apk/res/android"
    android:orientation="vertical"
    android:layout_width="match_parent"
    android:layout_height="match_parent">
    <ImageView android:id="@+id/image1"
        android:layout_width="fill_parent"
        android:layout_height="180px"
        android:src="@drawable/shuangta"/>
    <Button
        android:id="@+id/button1" android:text=">> 象鼻山"
        android:layout_width="wrap_content"
        android:layout_height="wrap_content"
        android:layout_gravity="center_horizontal"/>
</LinearLayout>
```

打开 src 文件夹下的包 com.example.ch2_10 中的 MainActivity 类，修改代码如下：

```
package com.example.ch2_10;
import android.os.Bundle;
import android.view.View;
import android.view.View.OnClickListener;
import android.widget.Button;
import android.widget.ImageView;
import android.app.Activity;
public class MainActivity extends Activity {
    private boolean pic=true;
    protected void onCreate(Bundle savedInstanceState) {
        super.onCreate(savedInstanceState);
        setContentView(R.layout.activity_main);
        final ImageView iv=(ImageView)findViewById(R.id.image1);
        final Button bt=(Button)findViewById(R.id.button1);
        bt.setOnClickListener(new OnClickListener() {
            public void onClick(View arg0) {
                if(pic==true){
                    iv.setImageResource(R.drawable.xiangbi);
                    bt.setText(">> 双宝塔"); pic=false;}
                else{
                    iv.setImageResource(R.drawable.shuangta);
                    bt.setText(">> 象鼻山"); pic=true;}
            }
        });
    }
}
```

程序运行后，显示"双宝塔"图片，按钮文本为">>象鼻山"。单击该按钮后，显示"象鼻山"图片，按钮文本变为">>高低塔"。再次单击该按钮，又会显示"双宝塔"图片，按钮文本再次变为">>象鼻山"，不断循环，如图 2-35 所示。

图 2-35　程序运行结果

7. 单项选择（RadioGroup 和 RadioButton）

单选按钮（RadioButton）是一种双状态按钮，可以选中或不选中。在单选按钮没有被选中时，用户能单击选中。但是，与复选框不同，用户一旦选中就不能取消选中。多个单选按钮通常与单选组（RadioGroup）同时使用。当一个 RadioGroup 包含几个单选按钮时，选中其中一个的同时将取消其他选中的单选按钮。

（1）要用代码选中 RadioGroup 中的单选按钮，可调用 RadioGroup 的 Check()方法，传入所要选择的单选按钮的 id。

（2）单选按钮被选择时，会产生 OnCheckedChange 消息，可使用 RadioGroup 的 setOnCheckedChangeListener()方法为单选按钮绑定监听器 OnCheckedChangeListener，在监听器的 OnCheckedChanged()方法中，可取得被选中单选按钮的实例，代码如下：

```
radioGroup.setOnCheckedChangeListener(new OnCheckedChangeListener(){
    public void OnCheckedChanged(RadioGroup group,int checkId){
        ...
    }
});
```

【例 2-11】建立名为 ch2_11 的 Android 工程，在 res\layout\目录下创建一个布局资源文件 activity_main.xml，在 XML 文件中定义一个 RadioGroup，它包含两个 RadioButton。

activity_main.xml 代码如下：

```
<?xml version="1.0" encoding="utf-8"?>
<LinearLayout
xmlns:android="http://schemas.android.com/apk/res/android"
    android:orientation="vertical"
    android:layout_width="fill_parent"
    android:layout_height="fill_parent">
    <RadioGroup android:id="@+id/radioGroup"
        android:layout_width="wrap_content"
        android:layout_height="wrap_content">
        <RadioButton android:id="@+id/radioButton1" android:text="男"
            android:layout_width="wrap_content"
            android:layout_height="wrap_content"/>
        <RadioButton android:id="@+id/radioButton2" android:text="女"
            android:layout_width="wrap_content"
            android:layout_height="wrap_content"/>
    </RadioGroup>
</LinearLayout>
```

打开 src 文件夹下的包 com.example.ch2_11 中的 MainActivity 类，修改代码如下：

```
package com.example.ch2_11;
import android.os.Bundle;
import android.widget.RadioButton;
import android.widget.RadioGroup;
import android.widget.RadioGroup.OnCheckedChangeListener;
import android.widget.Toast;
import android.app.Activity;
public class MainActivity extends Activity {
    protected void onCreate(Bundle savedInstanceState) {
        super.onCreate(savedInstanceState);
```

```
        setContentView(R.layout.activity_main);
        //获取 RadioGroup 实例
        RadioGroup radioGroup=(RadioGroup)findViewById(R.id.radioGroup);
        //设置 radioGroup 监听事件，当有选择时触发
        radioGroup.setOnCheckedChangeListener(new
OnCheckedChangeListener()
        { public void onCheckedChanged(RadioGroup arg0,int checkedId) {
            //获取 RadioButton 实例
            RadioButton rb=(RadioButton)findViewById(checkedId);
            //在 toast 中显示选择的内容
            Toast.makeText(MainActivity.this,String.valueOf(
rb.getText()),Toast.LENGTH_LONG).show();
            }
        });
    }
}
```

程序运行结果如图 2-36 所示。

图 2-36　程序运行结果

8. 多项选择（CheckBox）

复选框是一种双状态按钮，可以选中或不选中。在复选框没有被选中时，用户能单击选中。单击已被选中的复选框，能够取消选中状态。

（1）要用代码选中复选框，可调用 CheckBox 的 set Checked()方法。

（2）改变复选框选中状态时，会产生 OnCheckedChange 消息，可使用 CheckBox 的 setOnCheckedChangeListener()方法为复选框绑定监听器 OnCheckedChangeListener，在监听器的 OnCheckedChanged()方法中，可取得被选中 CheckBox 的实例。

（3）判断复选框是否被选中，可使用 CheckBox 的 isChecked()方法。

【例 2-12】建立名为 ch2_12 的 Android 工程，在 res\layout\目录下创建一个布局资源文件 activity_main.xml，在 XML 文件中定义 3 个 CheckBox、一个 Button 和一个 TextView。

activity_main.xml 代码如下：

```xml
<?xml version="1.0" encoding="utf-8"?>
<LinearLayout
xmlns:android="http://schemas.android.com/apk/res/android"
    android:orientation="vertical"
    android:layout_width="fill_parent"
    android:layout_height="fill_parent">
    <CheckBox android:id="@+id/rc" android:text="red"
        android:layout_width="wrap_content"
        android:layout_height="wrap_content"/>
     <CheckBox android:id="@+id/gc" android:text="green"
        android:layout_width="wrap_content"
        android:layout_height="wrap_content"/>
    <CheckBox android:id="@+id/bc" android:text="blue"
        android:layout_width="wrap_content"
        android:layout_height="wrap_content"/>
    <Button android:id="@+id/button1" android:text="OK"
        android:layout_width="wrap_content"
        android:layout_height="wrap_content"/>
    <TextView android:id="@+id/textView1"
        android:layout_width="298dp"
        android:layout_height="wrap_content"/>
</LinearLayout>
```

打开 src 文件夹下的包 com.example.ch2_12 中的 MainActivity 类，修改代码如下：

```java
package com.example.ch2_12;
import android.os.Bundle;
import android.view.View;
import android.view.View.OnClickListener;
import android.widget.Button;
import android.widget.CheckBox;
import android.widget.TextView;
import android.app.Activity;
public class MainActivity extends Activity {
    private CheckBox rc,gc,bc;
    protected void onCreate(Bundle savedInstanceState) {
        super.onCreate(savedInstanceState);
        setContentView(R.layout.activity_main);
        //获取 TextView 实例
        final TextView tv=(TextView)findViewById(R.id.textView1);
        //获取三个 CheckBox 实例
        rc=(CheckBox)findViewById(R.id.rc);
        gc=(CheckBox)findViewById(R.id.gc);
        bc=(CheckBox)findViewById(R.id.bc);
        //获取按钮的实例
        Button bt=(Button)findViewById(R.id.button1);
        //设置按钮的单击事件
```

```
bt.setOnClickListener(new OnClickListener() {
    public void onClick(View arg0) {
        String str="所选颜色: ";
        //判断是否选中了 CheckBox
        if(rc.isChecked()){
            //获取 CheckBox 的值
            str=str+String.valueOf(rc.getText())+" ";}
        if(gc.isChecked()){
            str=str+String.valueOf(gc.getText())+" ";}
        if(bc.isChecked()){
            str=str+String.valueOf(bc.getText());}
        //设置 TextView 的显示内容
        tv.setText(str);
    }
});
}
}
```

程序运行结果如图 2-37 所示。

图 2-37　程序运行结果

9. 下拉列表（Spinner）

当在某个网站注册账号时，常常需要提供性别、生日、所在城市等信息。网站开发人员为方便用户，会提供一个下拉列表将所有可选项列出，供用户选择。Android 的 Spinner 能轻松实现这一功能。下面通过一个让用户选择自己喜欢颜色的示例来分析 Spinner 的具体用法。当用户单击下拉列表时，选择的内容会显示在 TextView 中。

【例 2-13】建立名为 ch2_13 的 Android 工程，在 res\layout\目录下创建一个布局资源文件 activity_main.xml，在 XML 文件中定义一个 Spinner 和一个 TextView。

activity_main.xml 代码如下：

```
<?xml version="1.0" encoding="utf-8"?>
<LinearLayout
xmlns:android="http://schemas.android.com/apk/res/android"
    android:orientation="vertical"
    android:layout_width="fill_parent"
    android:layout_height="fill_parent">
    <TextView android:id="@+id/textView1"
```

```
            android:layout_width="fill_parent"
            android:layout_height="wrap_content"/>
    <Spinner android:id="@+id/spinner1"
            android:layout_width="fill_parent"
            android:layout_height="wrap_content" />
</LinearLayout>
```

打开 src 文件夹下的包 com.example.ch2_13 中的 MainActivity 类，修改代码如下：

```
package com.example.ch2_13;
import android.os.Bundle;
import android.widget.AdapterView;
import android.widget.AdapterView.OnItemSelectedListener;
import android.widget.ArrayAdapter;
import android.widget.Spinner;
import android.widget.TextView;
import android.app.Activity;
public class MainActivity extends Activity {
    private static final String[] mycolor={"red","green","blue"};
    private TextView tv;
    private Spinner sp;
    private ArrayAdapter<String> adapter;
    protected void onCreate(Bundle savedInstanceState) {
        super.onCreate(savedInstanceState);
        setContentView(R.layout.activity_main);
        tv=(TextView)findViewById(R.id.textView1);
        sp=(Spinner)findViewById(R.id.spinner1);
        //将可选内容与 ArrayAdapter 连接
        adapter=new
ArrayAdapter<String>(this,android.R.layout.simple_spin
ner_item, mycolor);
        //设置下拉列表的风格

adapter.setDropDownViewResource(android.R.layout.simple_spinner_dro
pdown_item);
        //将 adapter 添加到 sp 中
        sp.setAdapter(adapter);
        //添加 Spinner 事件监听
        sp.setOnItemSelectedListener(new OnItemSelectedListener() {
            public void onItemSelected(AdapterView<?> arg0,
                    android.view.View arg1, int arg2, long arg3) {
                //设置显示当前选择的项
                tv.setText("您的选择是: "+mycolor[arg2]);}
            public void onNothingSelected(AdapterView<?> arg0) {}
        });
    }
}
```

程序运行结果如图 2-38 所示。

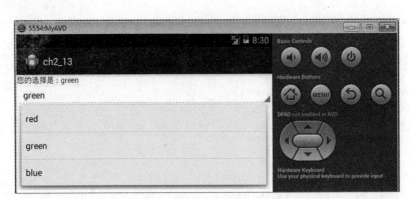

图 2-38　程序运行结果

10. 自动提示（AutoCompleteTextView）

很多文体框都有自动提示功能，当输入一个字母或一个汉字时，会自动显示一些提示信息。下面的例子中，当在文本框中输入 "go" 时，会自动提示有两个选择项 "google" 和 "google search"；当输入 "ba" 时，会自动提示有两个选择项 "baidu" 和 "baidu search"。

【例 2-14】建立名为 ch2_14 的 Android 工程，在 res\layout\目录下创建一个布局资源文件 activity_main.xml，在 XML 文件中定义一个 AutoCompleteTextView。

activity_main.xml 代码如下：

```xml
<?xml version="1.0" encoding="utf-8"?>
<LinearLayout
xmlns:android="http://schemas.android.com/apk/res/android"
    android:orientation="vertical"
    android:layout_width="fill_parent"
    android:layout_height="wrap_content">
    <AutoCompleteTextView android:id="@+id/act"
        android:layout_width="fill_parent"
        android:layout_height="wrap_content"/>
</LinearLayout>
```

打开 src 文件夹下的包 com.example.ch2_14 中的 MainActivity 类，修改代码如下：

```java
package com.example.ch2_14;
import android.os.Bundle;
import android.widget.ArrayAdapter;
import android.widget.AutoCompleteTextView;
import android.app.Activity;
public class MainActivity extends Activity {
    //定义自动提示内容
    private static final String[] search={"google","google
search","baidu",
"baidu search"};
    private AutoCompleteTextView autoView;
    protected void onCreate(Bundle savedInstanceState) {
        super.onCreate(savedInstanceState);
        setContentView(R.layout.activity_main);
        //设置数据源适配器
        ArrayAdapter<String> adapter=new ArrayAdapter<String>(this,
android.R.layout.simple_dropdown_item_1line,search);
```

```
        autoView=(AutoCompleteTextView)findViewById(R.id.act);
        //将 adapter 添加到 AutoCompleteTextView 中
        autoView.setAdapter(adapter);
    }
}
```
程序运行结果如图 2-39 所示。

图 2-39 程序运行结果

11. 日期和时间（DatePicker 和 TimePicker）

在生活中经常会用到一些日期、时间的选择。比如更改系统时间、设置闹钟、输入日期等。Android 提供了非常人性化的日期和时间选择。

【例 2-15】建立名为 ch2_15 的 Android 工程，在 res\layout\目录下创建一个布局资源文件 activity_main.xml，在 XML 文件中定义一个 DatePicker 和 TimePicker 控件。

activity_main.xml 代码如下：

```
<?xml version="1.0" encoding="utf-8"?>
<LinearLayout
xmlns:android="http://schemas.android.com/apk/res/android"
    android:orientation="vertical"
    android:layout_width="fill_parent"
    android:layout_height="fill_parent">
    <TextView android:id="@+id/textView1"
        android:layout_width="fill_parent"
        android:layout_height="wrap_content"/>
    <DatePicker android:id="@+id/datePicker1"
        android:layout_width="wrap_content"
        android:layout_height="wrap_content"
        android:layout_gravity="center_horizontal"/>
    <TimePicker android:id="@+id/timePicker1"
        android:layout_width="wrap_content"
        android:layout_height="wrap_content"
        android:layout_gravity="center_horizontal"/>
</LinearLayout>
```
打开 src 文件夹下的包 com.example.ch2_15 中的 MainActivity 类，修改代码如下：

```
package com.example.ch2_15;
import java.util.Calendar;
import android.os.Bundle;
import android.widget.DatePicker;
```

```
import android.widget.TextView;
import android.widget.TimePicker;
import android.widget.TimePicker.OnTimeChangedListener;
import android.app.Activity;
import android.widget.DatePicker.OnDateChangedListener;
public class MainActivity extends Activity {
    //定义5个记录当前时间的变量
    private int year,month,day,hour,minute;
    protected void onCreate(Bundle savedInstanceState) {
        super.onCreate(savedInstanceState);
        setContentView(R.layout.activity_main);
        //获取DatePicker和TimePicker实例
    DatePicker dp=(DatePicker)findViewById(R.id.datePicker1);
        TimePicker tp=(TimePicker)findViewById(R.id.timePicker1);
        //获取当前的年、月、日、小时、分钟
        Calendar c=Calendar.getInstance();
        year=c.get(Calendar.YEAR);
        month=c.get(Calendar.MONTH);
        day=c.get(Calendar.DAY_OF_MONTH);
        hour=c.get(Calendar.HOUR);
        minute=c.get(Calendar.MINUTE);
        //显示当前日期、时间
        showDate(year,month,day,hour,minute);
        //初始化DatePicker组件，初始化时指定监听器
        dp.init(year,month,day,new OnDateChangedListener(){
            public void onDateChanged(DatePicker arg0,int year,int month,
int day){
                MainActivity.this.year=year;
                MainActivity.this.month=month;
                MainActivity.this.day=day;
                //显示当前日期、时间
                showDate(year,month,day,hour,minute);}
            });
        //为TimePicker指定监听器
        tp.setOnTimeChangedListener(new OnTimeChangedListener() {
            public void onTimeChanged(TimePicker view,int hourOfDay,
int minute) {
                MainActivity.this.hour=hourOfDay;
                MainActivity.this.minute=minute;
                //显示当前日期、时间
                showDate(year,month,day,hour,minute);}
        });
    }
    //定义在EditText中显示当前日期、时间的方法
    private void showDate(int year,int month,int day,int hour,int minute){
        TextView show=(TextView)findViewById(R.id.textView1);
        show.setText("您选择的日期和时间为："+year+"年"+(month+1)+"月"+day+"
日 "+hour+"时"+minute+"分");
    }
}
```

程序运行结果如图 2-40 所示，使用 DatePicker 和 TimePicker 修改日期或时间后，选择的日期和时间会显示在屏幕上的文本框中。

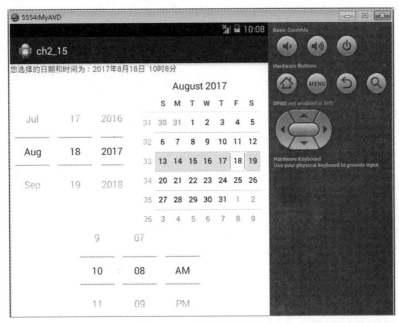

图 2-40　程序运行结果

12. 进度条（ProgressBar）

Android 中的 ProgressBar 控件在开发中经常用到，如用户浏览网页时，中间肯定有传输过程，进度条用来让用户耐心等待。进度条有圆形和长条形两种，在应用程序任务时间长度不确定的情况下，显示循环动画。

【例 2-16】建立名为 ch2_16 的 Android 工程，在 res\layout\目录下创建一个布局资源文件 activity_main.xml，在 XML 文件中定义两个 ProgressBar 和一个 Button 控件。第一个 ProgressBar 属性 style="@android:style/Widget.ProgressBar.Horizontal"表示为长条形。第二个 ProgressBar 属性 style="@android:style/Widget.ProgressBar.Large"表示为圆形，且一直会旋转。android:visibility="gone"属性进度条不可见。

activity_main.xml 代码如下：

```
<?xml version="1.0" encoding="utf-8"?>
<LinearLayout
xmlns:android="http://schemas.android.com/apk/res/android"
    android:orientation="vertical"
    android:layout_width="fill_parent"
    android:layout_height="fill_parent">
<ProgressBar android:id="@+id/Lbar"
    style="@android:style/Widget.ProgressBar.Horizontal"
    android:layout_width="fill_parent"
    android:layout_height="30dp"
    android:visibility="gone"/>
 <ProgressBar android:id="@+id/Cbar"
    style="@android:style/Widget.ProgressBar.Large"
```

```
            android:layout_width="wrap_content"
            android:layout_height="wrap_content"
            android:visibility="gone"/>
    <Button
            android:id="@+id/myButton"
            android:layout_width="wrap_content"
            android:layout_height="wrap_content"
            android:text="开始进度" />
</LinearLayout>
```

打开 src 文件夹下的包 com.example.ch2_16 中的 MainActivity 类，修改代码如下：

```
package com.example.ch2_16;
import android.os.Bundle;
import android.view.View;
import android.view.View.OnClickListener;
import android.widget.Button;
import android.widget.ProgressBar;
import android.app.Activity;
public class MainActivity extends Activity {
    //声明变量
    private ProgressBar lbar=null;
    private ProgressBar cbar=null;
    private Button bn=null;
    private int i=0;
    protected void onCreate(Bundle savedInstanceState) {
        super.onCreate(savedInstanceState);
        setContentView(R.layout.activity_main);
        //获取控件对象
        lbar=(ProgressBar)findViewById(R.id.Lbar);
        cbar=(ProgressBar)findViewById(R.id.Cbar);
        bn=(Button)findViewById(R.id.myButton);
        bn.setOnClickListener(new OnClickListener() {
            public void onClick(View arg0) {
                if(i==0){
                    //设置进度条为可见状态
                    lbar.setVisibility(View.VISIBLE);
                    cbar.setVisibility(View.VISIBLE);
                    lbar.setMax(100);
                    bn.setText(i*100/lbar.getMax()+"%");
                }
                else if(i<lbar.getMax()){
                    //设置长条形进度条的当前值
                    lbar.setProgress(i);
                    bn.setText(i*100/lbar.getMax()+"%");
                }
                else{
                    //设置进度条为不可见状态
                    lbar.setVisibility(View.GONE);
                    cbar.setVisibility(View.GONE);
                    bn.setText("开始进度");
                    i=-10;
```

```
            }
            i=i+10;
        }
    });
    }
}
```

程序运行后，单击出现的按钮将显示两个进度条，一个是长条形，另一个是圆形。每单击一次该按钮，进度条前进 10%，进度百分比会显示在按钮上。圆形进度条没有进度表示，只是不停转圈。当点按钮 10 次后，整个进度完成，这时进度条消失，如图 2-41 所示。

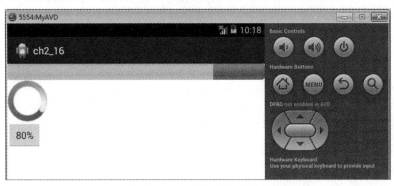

图 2-41　程序运行结果

2.2.3　菜单

菜单（Menu）是许多应用程序不可或缺的一部分，所有搭载 Android 系统的手机都有一个"MENU"键，由此可见菜单在 Android 程序中的重要性。Android SDK 提供了 3 种菜单，即选项菜单（Options Menu）、上下文菜单（Context Menu）和子菜单（Sub Menu）。前两者都可以嵌套子菜单，而子菜单本身不能再嵌套。Android 系统具备对菜单项进行分组的功能，可以把相似功能的菜单项分成同一个组。菜单项分组后，可以调用 setGroupEnabled()、setGroupCheckable()、setGroupVisible()等方法来统一设置整个菜单项分组的属性，而无需一个一个单独设置。

选项菜单可通过点击手机屏幕上的"MENU"键来显示，它位于屏幕下方，最多只能显示 6 个菜单项。若菜单项超过 6 个，则第 6 个菜单项会被系统替换成一个称为"更多（More）"的菜单项，它可以展开一个子菜单，原来屏幕下方显示不下的菜单项都会显示在子菜单中，这个子菜单被称为"扩展菜单（Expanded Menu）"。上下文菜单是用户在 Android 系统长按某个视图控件后出现的菜单，相当于 Window 中单击鼠标右键。

1. 选项菜单（Options Menu）

按下 Android 手机上的"MENU"键时，每个 Activity 都可以选择处理这一请求，在屏幕底部弹出一个菜单，即选项菜单。一般情况下，选项菜单最多显示 2 排 3 列个菜单项，这些菜单项包含文字和图标，又被称为"图标菜单（Icon Menu）"。

【例 2-17】建立名为 ch2_17 的 Android 工程，在 res\layout\目录下创建一个布局资源文件 activity_main.xml，在文件中定义一个 TextView 控件。在 res\menu\目录下创建一个菜单资源文件 opmenu.xml，在文件中定义菜单。

activity_main.xml 代码如下：

```xml
<?xml version="1.0" encoding="utf-8"?>
<LinearLayout
xmlns:android="http://schemas.android.com/apk/res/android"
    android:orientation="vertical"
    android:layout_width="fill_parent"
    android:layout_height="fill_parent">
    <TextView android:id="@+id/textView1"
        android:layout_width="fill_parent"
        android:layout_height="wrap_content"
        android:text="点击 MENU 键显示菜单"
        android:textSize="20sp"/>
</LinearLayout>
```

opmenu.xml 代码如下：

```xml
<?xml version="1.0" encoding="utf-8"?>
<menu xmlns:android="http://schemas.android.com/apk/res/android">
    <item android:id="@+id/item1" android:orderInCategory="1"
        android:icon="@drawable/phone" android:title="电话"/>
    <item android:id="@+id/item2" android:orderInCategory="2"
        android:icon="@drawable/camera" android:title="拍照"/>
    <item android:id="@+id/item3" android:orderInCategory="3"
        android:icon="@drawable/browser" android:title="游览器"/>
    <item android:id="@+id/item4" android:orderInCategory="4"
        android:icon="@drawable/message" android:title="短信"/>
    <item android:id="@+id/item5" android:orderInCategory="5"
        android:icon="@drawable/setting" android:title="设置"/>
    <item android:id="@+id/item6" android:orderInCategory="6"
        android:icon="@drawable/weather" android:title="天气"/>
    <item android:id="@+id/item6" android:orderInCategory="7"
        android:icon="@drawable/address" android:title="通讯簿"/>
    <item android:id="@+id/item6" android:orderInCategory="8"
        android:icon="@drawable/recorder" android:title="录音机"/>
</menu>
```

打开 src 文件夹下的包 com.example.ch2_17 中的 MainActivity 类，修改代码如下：

```java
package com.example.ch2_17;
import android.app.Activity;
import android.os.Bundle;
import android.view.Menu;
import android.view.MenuInflater;
import android.view.MenuItem;
import android.widget.TextView;
public class MenuTest extends Activity
{
    private TextView tv=null;
    public void onCreate(Bundle savedInstanceState)
    {
        super.onCreate(savedInstanceState);
        setContentView(R.layout. activity_main);
        tv=(TextView)findViewById(R.id.textView1);
```

```
    }
    //重写 onCreateOptionsMenu 用以创建选项菜单
public boolean onCreateOptionsMenu(Menu menu)
{
    MenuInflater my=new MenuInflater(this);
    my.inflate(R.menu.opemenu,menu);
    return true;
}
//重写 onOptionsItemSelected 用以响应选项菜单
public boolean onOptionsItemSelected(MenuItem item){
    switch(item.getOrder()){
    case 1:
        tv.setText("您选择的菜单项为: "+item.getTitle());
        break;
    case 2:
        tv.setText("您选择的菜单项为: "+item.getTitle());
        break;
    case 3:
        tv.setText("您选择的菜单项为: "+item.getTitle());
        break;
    case 4:
        tv.setText("您选择的菜单项为: "+item.getTitle());
        break;
    case 5:
        tv.setText("您选择的菜单项为: "+item.getTitle());
        break;
    case 6:
        tv.setText("您选择的菜单项为: "+item.getTitle());
        break;
    case 7:
        tv.setText("您选择的菜单项为: "+item.getTitle());
        break;
    case 8:
        tv.setText("您选择的菜单项为: "+item.getTitle());
        break;
    }
    return false;
    }
}
```

上述代码中采用回调的方法来响应菜单项被选中事件。回调是指当用户在控件上激发某个事件时，控件自己或其所在的 Activity 特有的方法会负责处理该事件。对于基于监听的事件处理模型来说，事件源和监听器是分离的，事件源产生的事件交给监听器负责处理；对于基于回调的事件处理模型来说，事件源和监听器是统一的，事件源产生的事件由事件源本身处理。为实现回调机制的事件处理，Android 为所有控件都提供了一些事件处理回调方法。例如，View 类就包含有 onKeyDown()、onKeyLongPress()、onTouchEvent()等回调方法。几乎所有回调方法都有一个 boolean 类型的返回值，用于标识处理方法是否能完成处理该事件。返回 true，表示该方法已完全处理该事件，该事件不会传播出去；返回 false，表示该方法并未完全处理该事件，该事件会传播出去。控件上所发生的事件不仅激发了该控件上的回调方法，也会触发它所在 Activity 的回调方法。事件最先触发的是控件上绑定的监听器，接着才触发控件自身的回调方法，最后触发控件所在 Activity 的回调方法。不管是监听器事件处理方法还是控件或其所在 Activity 的回调方法，返回 true 后事件就不会继续向后传播，后面的事件处理方法也不会被执行。在本例中，点击 MENU 键显示选项菜单。选择菜单项后，系统调用菜单项所在 Activity 的回调方法 onOptionsItemSelected()将菜单项标题显示在屏幕上的文本框中，程序运行结果如图 2-42 所示。

图 2-42　程序运行结果

2.　子菜单（Sub Menu）

一般情况下，Android 手机屏幕底部弹出一个菜单后，点击菜单项会弹出子菜单。下面通过一个例子来学习选项菜单的子菜单。

【例 2-18】建立名为 ch2_18 的 Android 工程，在 res\layout\目录下创建一个布局资源文件 activity_main.xml，在文件中定义一个 TextView 控件。在 res\menu\目录下创建一个菜单资源文件 submenu.xml，在文件中定义菜单。其中，主菜单包括电话、拍照、浏览器、短信、设置、天气、通讯簿、录音机 6 个菜单项；"设置"菜单项下有屏幕风格、背景颜色、音量大小 3 个子菜单项。activity_main.xml 与例 2-16 相同，此处不再赘述。

submenu.xml 代码如下：

```
<?xml version="1.0" encoding="utf-8"?>
<menu xmlns:android="http://schemas.android.com/apk/res/android">
    <item android:id="@+id/item1" android:orderInCategory="1"
        android:icon="@drawable/phone" android:title="电话"/>
    <item android:id="@+id/item2" android:orderInCategory="2"
        android:icon="@drawable/camera" android:title="拍照"/>
    <item android:id="@+id/item3" android:orderInCategory="3"
        android:icon="@drawable/browser" android:title="游览器"/>
    <item android:id="@+id/item4" android:orderInCategory="4"
        android:icon="@drawable/message" android:title="短信"/>
    <item android:id="@+id/item5" android:orderInCategory="5"
        android:icon="@drawable/setting" android:title="设置">
    <menu>
        <item android:id="@+id/item51" android:orderInCategory="51"
```

```
            android:title="屏幕风格"/>
        <item android:id="@+id/item52" android:orderInCategory="52"
            android:title="背景颜色"/>
        <item android:id="@+id/item53" android:orderInCategory="52"
            android:title="音量大小"/>
    </menu>
</item>
<item android:id="@+id/item6" android:orderInCategory="6"
    android:icon="@drawable/weather" android:title="天气"/>
<item android:id="@+id/item6" android:orderInCategory="7"
    android:icon="@drawable/address" android:title="通讯簿"/>
<item android:id="@+id/item6" android:orderInCategory="8"
    android:icon="@drawable/recorder" android:title="录音机"/>
</menu>
```

打开 src 文件夹下的包 com.example.ch2_18 中的 MainActivity 类，修改代码如下：

```java
package com.example.ch2_18
import android.app.Activity;
import android.os.Bundle;
import android.view.Menu;
import android.view.MenuInflater;
import android.view.MenuItem;
import android.widget.TextView;
public class MenuTest extends Activity
{
    private TextView tv=null;
    public void onCreate(Bundle savedInstanceState)
    {
        super.onCreate(savedInstanceState);
        setContentView(R.layout. activity_main);
        tv=(TextView)findViewById(R.id.textView1);
    }
    //重写 onCreateOptionsMenu 用以创建子菜单
    public boolean onCreateOptionsMenu(Menu menu)
    {
        MenuInflater my=new MenuInflater(this);
        my.inflate(R.menu.opemenu,menu);
        return true;
    }
    //重写 onOptionsItemSelected 用以响应子菜单
    public boolean onOptionsItemSelected(MenuItem item){
        switch(item.getOrder()){
        case 1:
            tv.setText("您选择的菜单项为: "+item.getTitle());
            break;
        case 2:
            tv.setText("您选择的菜单项为: "+item.getTitle());
            break;
        case 3:
            tv.setText("您选择的菜单项为: "+item.getTitle());
            break;
```

```
    case 4:
        tv.setText("您选择的菜单项为: "+item.getTitle());
        break;
    case 5:
        tv.setText("您选择的菜单项为: "+item.getTitle());
        break;
    case 6:
        tv.setText("您选择的菜单项为: "+item.getTitle());
        break;
    case 7:
        tv.setText("您选择的菜单项为: "+item.getTitle());
        break;
    case 8:
        tv.setText("您选择的菜单项为: "+item.getTitle());
        break;
    case 51:
        tv.setText("您选择的菜单项为: "+item.getTitle());
        break;
    case 52:
        tv.setText("您选择的菜单项为: "+item.getTitle());
        break;
    }
    return false;
    }
}
```

程序运行结果如图 2-43 所示。

图 2-43　程序运行结果

3. 上下文菜单（Context Menu）

在 Windows 中，我们已经习惯了在文件上右击来执行"打开""剪切""删除"等操作，这个右键弹出的菜单就是上下文菜单。手机的操作方式与使用鼠标的台式计算机不同，目前大多数智能手机是全触屏的，没有物理键盘和鼠标，而是通过长按某个视图元素来弹出上下文菜单的。Context Menu 与 Options Menu 最大的不同在于，Options Menu 的拥有者是 Activity，而 Context Menu 的拥有者是 Activity 中的 View。每个 Activity 有且只有一个 Options Menu，它为整个 Activity 服务。而一个 Activity 往往有多个 View，并不是每个 View 都有 Context Menu，这就需要通过 registerForContextMenu()方法来注册。

【例 2-19】建立名为 ch2_19 的 Android 工程，在 res\layout\目录下创建一个布局资源文件 activity_main.xml，在文件中定义一个 TextView 控件。在 res\menu\目录下创建一个菜单资源文件 contextmenu.xml，在文件中定义菜单，包括红色、绿色、蓝色 3 个菜单项。

activity_main.xml 代码如下：

```
<?xml version="1.0" encoding="utf-8"?>
<LinearLayout
xmlns:android="http://schemas.android.com/apk/res/android"
android:orientation="vertical"
android:layout_width="fill_parent"
android:layout_height="fill_parent">
<TextView android:id="@+id/textView1"
    android:layout_width="fill_parent"
    android:layout_height="wrap_content"
    android:textSize="30sp"
    android:text="长按文本框显示菜单"/>
</LinearLayout>
```

contextmenu.xml 代码如下：

```
<?xml version="1.0" encoding="utf-8"?>
<menu xmlns:android="http://schemas.android.com/apk/res/android" >
    <item android:id="@+id/item1" android:orderInCategory="1"
        android:title="红色"/>
    <item android:id="@+id/item2" android:orderInCategory="2"
        android:title="绿色"/>
    <item android:id="@+id/item3" android:orderInCategory="3"
        android:title="蓝色"/>
</menu>
```

打开 src 文件夹下的包 com.example.ch2_19 中的 MainActivity 类，修改代码如下：

```
package com.example.ch2_19;
import android.os.Bundle;
import android.app.Activity;
import android.view.ContextMenu;
import android.view.ContextMenu.ContextMenuInfo;
import android.view.MenuItem;
import android.view.View;
import android.widget.TextView;
public class MainActivity extends Activity {
    private TextView tv=null;
    protected void onCreate(Bundle savedInstanceState) {
        super.onCreate(savedInstanceState);
        setContentView(R.layout.activity_main);
        tv=(TextView)findViewById(R.id.textView1);
        //为 TextView 对象注册一个上下文菜单
        this.registerForContextMenu(tv);
```

```
        }
        //重写 onCreateContextMenu 以生成上下文菜单
        public void onCreateContextMenu(ContextMenu menu,View v,
                ContextMenuInfo menuInfo) {
            getMenuInflater().inflate(R.menu.contextmenu, menu);
        }
        //重写 onContextItemSelected 用以响应上下文菜单
        public boolean onContextItemSelected(MenuItem item){
            switch(item.getOrder()){
            case 1:
                tv.setBackgroundColor(android.graphics.Color.RED);
                break;
            case 2:
                tv.setBackgroundColor(android.graphics.Color.GREEN);
                break;
            case 3:
                tv.setBackgroundColor(android.graphics.Color.BLUE);
                break;
            }
            return true;
        }
```

长按文本框弹出上下文菜单，选择菜单项后，文本框背景会发生改变，程序运行结果如图 2-44 所示。

图 2-44　程序运行结果

2.2.4　对话框

Android 系统中对话框主要有提示对话框、列表对话框、单选多选对话框、进度条对话框、简单视图对话框、自定义格式对话框等。可通过 Activity 的 onCreateDialog()方法或 Builder 的 creat()方法创建对话框；调用 Activity 的 showDialog()方法或 Dialog 的 show()方法可显示对话框；关闭对话框可用 Activity 的 dismissDialog()方法或 Dialog 的 dismiss()方法实现，也可以调用 Activity 的 removeDialog()方法彻底释放对话框。另外，使用 Activity 的 onPrepareDialog()可在每一次打开对话框时改变它的属性；若将 Dialog 对象与 onDismissListener 绑定，可在关闭对话框时执行特定工作。

1. 提示对话框

执行一个操作时，弹出一个提示，以便让用户确认是否进行该操作，这时就需要一个提示对话框。

【例 2-20】建立名为 ch2_20 的 Android 工程，在 res\layout\目录下创建一个布局资源文件 activity_main.xml，在 XML 文件中定义一个按钮。

activity_main.xml 代码如下：

```xml
<?xml version="1.0" encoding="utf-8"?>
<LinearLayout
xmlns:android="http://schemas.android.com/apk/res/android"
    android:orientation="vertical"
    android:layout_width="fill_parent"
    android:layout_height="fill_parent">
    <Button android:id="@+id/button1"
        android:layout_width="fill_parent"
        android:layout_height="wrap_content"
        android:text="退出当前视图" />
</LinearLayout>
```

打开 src 文件夹下的包 com.example.ch2_20 中的 MainActivity 类，修改代码如下：

```java
package com.example.ch2_20;
import android.os.Bundle;
import android.view.View;
import android.view.View.OnClickListener;
import android.widget.Button;
import android.app.Activity;
import android.app.AlertDialog.Builder;
import android.content.DialogInterface;
public class MainActivity extends Activity {
    protected void onCreate(Bundle savedInstanceState) {
        super.onCreate(savedInstanceState);
        setContentView(R.layout.activity_main);
        Button bn=(Button)findViewById(R.id.button1);
        bn.setOnClickListener(new OnClickListener() {
            public void onClick(View arg0) {
                //创建 Builder 对象
                Builder dg=new Builder(MainActivity.this);
                //设置对话框的图标
                dg.setIcon(R.drawable.ic_launcher);
                //设置对话框的标题
                dg.setTitle("提示");
                //设置对话框的提示信息
                dg.setMessage("确定退出吗？");
                //设置对话框的确认按钮，并设置按钮的事件处理
                dg.setPositiveButton("确定", new DialogInterface.
OnClickListener() {
                    public void onClick(DialogInterface dilog, int which) {
                        //关闭对话框
                        dilog.dismiss();
                        //关闭当前视图并返回
```

```
                      MainActivity.this.finish();
                    }
            });
            //设置对话框的取消按钮，并设置按钮的事件处理
            dg.setNegativeButton("取消", new DialogInterface.
OnClickListener() {
                public void onClick(DialogInterface dilog, int which) {
                    //关闭对话框，返回原来的视图层次
                    dilog.dismiss();
                    }
            });
            //创建并显示一个对话框
            dg.create().show();
            }
        });
    }
}
```

程序运行后，单击按钮弹出一个对话框，如果单击"确认"按钮，则退出当前视图，也就是当前的屏幕；如果单击"取消"按钮，则重新回到原来的屏幕，如图 2-45 所示。

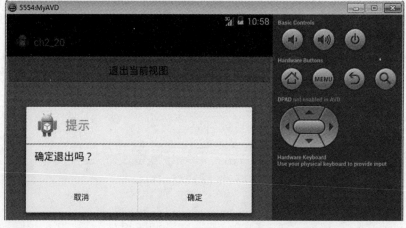

图 2-45　程序运行结果

2. 列表对话框

进行一个操作时，弹出一个列表，用户选择一项执行操作，这时就需要一个列表对话框。

【例 2-21】建立名为 ch2_21 的 Android 工程，在 res\layout\目录下创建一个布局资源文件 activity_main.xml，在 XML 文件中定义一个按钮。

activity_main.xml 代码如下：

```
<?xml version="1.0" encoding="utf-8"?>
<LinearLayout
xmlns:android="http://schemas.android.com/apk/res/android"
    android:orientation="vertical"
    android:layout_width="fill_parent"
    android:layout_height="fill_parent">
    <Button android:id="@+id/button1"
        android:layout_width="fill_parent"
```

```
            android:layout_height="wrap_content"
            android:text="列表对话框" />
</LinearLayout>
```

打开 src 文件夹下的包 com.example.ch2_21 中的 MainActivity 类，修改代码如下：

```
package com.example.ch2_21;
import android.os.Bundle;
import android.view.View;
import android.view.View.OnClickListener;
import android.widget.Button;
import android.widget.Toast;
import android.app.Activity;
import android.app.AlertDialog.Builder;
import android.content.DialogInterface;
public class MainActivity extends Activity {
    protected void onCreate(Bundle savedInstanceState) {
        super.onCreate(savedInstanceState);
        setContentView(R.layout.activity_main);
        //定义一个数组，存放列表项的内容
        final String[] mItems={"red","green","blue"};
        Button bn=(Button)findViewById(R.id.button1);
        bn.setOnClickListener(new OnClickListener() {
            public void onClick(View arg0) {
                //创建 Builder 对象
                Builder dg=new Builder(MainActivity.this);
                //设置对话框的图标
                dg.setIcon(R.drawable.ic_launcher);
                //设置对话框的标题
                dg.setTitle("提示");
                //将对话框设置为列表的形式，并设置列表项的事件监听器
                dg.setItems(mItems, new DialogInterface.OnClickListener() {
                    public void onClick(DialogInterface dialog, int which) {
                    //显示选择的项目
                    Toast.makeText(MainActivity.this, "您选择了: "+
mItems[which], Toast.LENGTH_LONG).show();
                    }
                });
                //创建并显示一个对话框
                dg.create().show();
            }
        });
    }
}
```

程序运行后，单击按钮弹出一个对话框，选择其中的列表项，会提示所选项目，如图 2-46 所示。

3. 单选对话框

这种对话框可提供给用户多个选择项，选项为单选的形式。

【例 2-22】建立名为 ch2_22 的 Android 工程，在 res\layout\目录下创建一个布局资源文件 activity_main.xml，在 XML 文件中定义一个按钮。

图 2-46　程序运行结果

activity_main.xml 代码如下：

```xml
<?xml version="1.0" encoding="utf-8"?>
<LinearLayout
xmlns:android="http://schemas.android.com/apk/res/android"
    android:orientation="vertical"
    android:layout_width="fill_parent"
    android:layout_height="fill_parent">
    <Button android:id="@+id/button1"
        android:layout_width="fill_parent"
        android:layout_height="wrap_content"
        android:text="单项选择对话框" />
</LinearLayout>
```

打开 src 文件夹下的包 com.example.ch2_22 中的 MainActivity 类，修改代码如下：

```java
package com.example.ch2_22;
import android.os.Bundle;
import android.view.View;
import android.view.View.OnClickListener;
import android.widget.Button;
import android.widget.Toast;
import android.app.Activity;
import android.app.AlertDialog.Builder;
import android.content.DialogInterface;
public class MainActivity extends Activity {
    protected void onCreate(Bundle savedInstanceState) {
        super.onCreate(savedInstanceState);
        setContentView(R.layout.activity_main);
        //定义一个数组，存放单选项的内容
        final String[] mItems={"red","green","blue"};
        Button bn=(Button)findViewById(R.id.button1);
        bn.setOnClickListener(new OnClickListener() {
            public void onClick(View arg0) {
                //创建 Builder 对象
                Builder dg=new Builder(MainActivity.this);
```

```
              //设置对话框的图标
              dg.setIcon(R.drawable.ic_launcher);
              //设置对话框的标题
              dg.setTitle("单项选择对话框");
              //将对话框设置为单选的形式，并设置单选按钮的事件监听器
              dg.setSingleChoiceItems(mItems,0,new DialogInterface.
OnClickListener() {
                  public void onClick(DialogInterface dialog, int which) {
                      Toast.makeText(MainActivity.this, "您选择了: "+
mItems[which], Toast.LENGTH_LONG).show();
                  }
              });
              //创建并显示一个对话框
              dg.create().show();
          }
      });
  }
}
```

程序运行结果如图 2-47 所示。

图 2-47   程序运行结果

4. 多选对话框

这种对话框可提供给用户多个选择项，选项为多选的形式。

【例 2-23】建立名为 ch2_23 的 Android 工程，在 res\layout\目录下创建一个布局资源文件 activity_main.xml，在 XML 文件中定义一个按钮。

activity_main.xml 代码如下：

```
<?xml version="1.0" encoding="utf-8"?>
<LinearLayout
xmlns:android="http://schemas.android.com/apk/res/android"
    android:orientation="vertical"
    android:layout_width="fill_parent"
    android:layout_height="fill_parent">
    <Button android:id="@+id/button1"
```

```
        android:layout_width="fill_parent"
        android:layout_height="wrap_content"
        android:text="多项选择对话框" />
</LinearLayout>
```

打开 src 文件夹下的包 com.example.ch2_23 中的 MainActivity 类，修改代码如下：

```java
package com.example.ch2_23;
import android.os.Bundle;
import android.view.View;
import android.view.View.OnClickListener;
import android.widget.Button;
import android.widget.Toast;
import android.app.Activity;
import android.app.AlertDialog.Builder;
import android.content.DialogInterface;
public class MainActivity extends Activity {
    protected void onCreate(Bundle savedInstanceState) {
        super.onCreate(savedInstanceState);
        setContentView(R.layout.activity_main);
        //定义一个数组，存放多选项的状态
        final Boolean[] itemChecked={false,false,false};
        //定义一个数组，存放多选项的内容
        final String[] mItems={"red","green","blue"};
        Button bn=(Button)findViewById(R.id.button1);
        bn.setOnClickListener(new OnClickListener() {
            public void onClick(View arg0) {
                //创建 Builder 对象
                Builder dg=new Builder(MainActivity.this);
                //设置对话框的图标
                dg.setIcon(R.drawable.ic_launcher);
                //设置对话框的标题
                dg.setTitle("多项选择对话框");
                //将对话框设置为多选的形式，并设置多选按钮的事件监听器
                dg.setMultiChoiceItems(mItems, new boolean[]{false,false,
false}, new DialogInterface.OnMultiChoiceClickListener() {
                    public void onClick(DialogInterface dialog, int
which,boolean isChecked) {
                        //判断该项是否被选择
                        if(isChecked)
                            itemChecked[which]=true;
                        else
                            itemChecked[which]=false;
                        String str="您选择了: ";
                        //遍历查找所有已被选择的项
                        for(int i=0;i<3;i++)
                            if(itemChecked[i])
                                str=str+mItems[i]+"  ";
                        Toast.makeText(MainActivity.this,
str,Toast.LENGTH_LONG).show();
                    }
                });
```

```
            //创建并显示一个对话框
            dg.create().show();
        }
    });
    }
}
```

程序运行结果如图 2-48 所示。

图 2-48　程序运行结果

5. 进度条对话框

进度条对话框可在对话框中显示进度条效果。它有圆形和长条形两种，在应用程序任务时间长度不确定的情况下，进度条显示循环动画。

1）圆形进度条对话框

【例 2-24】建立名为 ch2_24 的 Android 工程，在 res\layout\目录下创建一个布局资源文件 activity_main.xml，在 XML 文件中定义一个按钮。

activity_main.xml 代码如下：

```xml
<?xml version="1.0" encoding="utf-8"?>
<LinearLayout
xmlns:android="http://schemas.android.com/apk/res/android"
    android:orientation="vertical"
    android:layout_width="fill_parent"
    android:layout_height="fill_parent">
    <Button android:id="@+id/button1"
        android:layout_width="fill_parent"
        android:layout_height="wrap_content"
        android:text="圆形进度条对话框" />
</LinearLayout>
```

打开 src 文件夹下的包 com.example.ch2_24 中的 MainActivity 类，修改代码如下：

```java
package com.example.ch2_24;
import android.os.Bundle;
import android.view.View;
import android.view.View.OnClickListener;
```

```
import android.widget.Button;
import android.app.Activity;
import android.app.ProgressDialog;
public class MainActivity extends Activity {
    protected void onCreate(Bundle savedInstanceState) {
        super.onCreate(savedInstanceState);
        setContentView(R.layout.activity_main);
        Button bn=(Button)findViewById(R.id.button1);
        bn.setOnClickListener(new OnClickListener() {
            public void onClick(View arg0) {
                //创建对话框对象
                ProgressDialog pg=new ProgressDialog(MainActivity.this);
                //设置对话框的图标
                pg.setIcon(R.drawable.ic_launcher);
                //设置对话框的标题
                pg.setTitle("温馨提示");
                //设置提示信息
                pg.setMessage("正在读取中，请稍候...");
                //设置进度条是否明确，不明确时进度条的当前值自动在最小值与最大值之间
来回移动，形成动画
                pg.setIndeterminate(true);
                //设置进度条对话框是否可以按退回按键取消
                pg.setCancelable(true);
                //显示对话框
                pg.show();
            }
        });
    }
}
```

程序运行结果如图 2-49 所示。

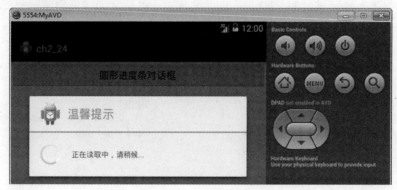

图 2-49　程序运行结果

2）长条形进度条对话框

【例 2-25】建立名为 ch2_25 的 Android 工程，在 res\layout\目录下创建一个布局资源文件 activity_main.xml，在 XML 文件中定义一个按钮。

activity_main.xml 代码如下：

```
<?xml version="1.0" encoding="utf-8"?>
```

```
<LinearLayout
xmlns:android="http://schemas.android.com/apk/res/android"
    android:orientation="vertical"
    android:layout_width="fill_parent"
    android:layout_height="fill_parent">
    <Button android:id="@+id/button1"
        android:layout_width="fill_parent"
        android:layout_height="wrap_content"
        android:text="长条形进度条对话框" />
</LinearLayout>
```

打开 src 文件夹下的包 com.example.ch2_25 中的 MainActivity 类，修改代码如下：

```
package com.example.ch2_25;
import android.os.Bundle;
import android.view.View;
import android.view.View.OnClickListener;
import android.widget.Button;
import android.app.Activity;
import android.app.ProgressDialog;
import android.content.DialogInterface;
public class MainActivity extends Activity {
    protected void onCreate(Bundle savedInstanceState) {
        super.onCreate(savedInstanceState);
        setContentView(R.layout.activity_main);
        Button bn=(Button)findViewById(R.id.button1);
        bn.setOnClickListener(new OnClickListener() {
            public void onClick(View arg0) {
                //创建对话框对象
                ProgressDialog pg=new ProgressDialog(MainActivity.this);
                //设置对话框的图标
                pg.setIcon(R.drawable.ic_launcher);
                //设置对话框的标题
                pg.setTitle("进度条窗口");
                //设置进度条风格为水平
                pg.setProgressStyle(ProgressDialog.STYLE_HORIZONTAL);
                //设置进度条最大值
                pg.setMax(100);
                //设置确定按钮监听器
                pg.setButton(DialogInterface.BUTTON_POSITIVE, "确定", new
DialogInterface.OnClickListener() {
                    public void onClick(DialogInterface arg0, int arg1) {
                        //这里可添加点击按钮后的逻辑
                    }
                });
                //设置取消按钮监听器
                pg.setButton(DialogInterface.BUTTON_NEGATIVE, "取消", new
DialogInterface.OnClickListener() {
                    public void onClick(DialogInterface arg0, int arg1) {
                        //这里可添加点击按钮后的逻辑
                    }
                });
```

```
            //显示对话框
            pg.show();
        }
    });
    }
}
```

程序运行结果如图 2-50 所示。

图 2-50　程序运行结果

6. 简单视图对话框

在这种对话框中，系统提供给用户一个简单的 View 视图，本例中为一个文本框。

【例 2-26】建立名为 ch2_26 的 Android 工程，在 res\layout\目录下创建一个布局资源文件 activity_main.xml，在 XML 文件中定义一个按钮。

activity_main.xml 代码如下：

```xml
<?xml version="1.0" encoding="utf-8"?>
<LinearLayout
xmlns:android="http://schemas.android.com/apk/res/android"
    android:orientation="vertical"
    android:layout_width="fill_parent"
    android:layout_height="fill_parent">
    <Button android:id="@+id/button1"
        android:layout_width="fill_parent"
        android:layout_height="wrap_content"
        android:text="简单视图对话框" />
</LinearLayout>
```

打开 src 文件夹下的包 com.example.ch2_26 中的 MainActivity 类，修改代码如下：

```java
package com.example.ch2_26;
import android.os.Bundle;
import android.view.View;
import android.view.View.OnClickListener;
import android.widget.Button;
import android.widget.EditText;
import android.widget.Toast;
import android.app.Activity;
import android.app.AlertDialog.Builder;
```

```
import android.content.DialogInterface;
public class MainActivity extends Activity {
    protected void onCreate(Bundle savedInstanceState) {
        super.onCreate(savedInstanceState);
        setContentView(R.layout.activity_main);
        Button bn=(Button)findViewById(R.id.button1);
        bn.setOnClickListener(new OnClickListener() {
            public void onClick(View arg0) {
                //创建 Builder 对象
                Builder dg=new Builder(MainActivity.this);
                //设置对话框的图标
                dg.setIcon(R.drawable.ic_launcher);
                //设置对话框的标题
                dg.setTitle("简单视图对话框");
                //创建简单视图
                final EditText vw=new EditText(MainActivity.this);
                //设置对话框的视图
                dg.setView(vw);
                //设置对话框的确定按钮，并设置按钮的事件处理
                dg.setPositiveButton("确定", new DialogInterface.
OnClickListener() {
                    public void onClick(DialogInterface dilog, int which) {
                        //获取文本框内容并提示
                        Toast.makeText(MainActivity.this, "您输入了: "
+vw.getText(), Toast.LENGTH_LONG).show();
                    }
                });
                //设置对话框的取消按钮，并设置按钮的事件处理
                dg.setNegativeButton("取消", new DialogInterface.
OnClickListener() {
                    public void onClick(DialogInterface dilog, int which) {
                    }
                });
                //创建并显示一个对话框
                dg.create().show();
            }
        });
    }
}
```

程序运行结果如图 2-51 所示。

7. 自定义格式对话框

自定义布局在 Android 的开发中非常重要，它能让开发者做出五彩缤纷的 Activity，而不是使用系统枯燥的界面。

【例 2-27】建立名为 ch2_27 的 Android 工程，在 res\layout\目录下创建一个布局资源文件 activity_main.xml，在文件中定义一个按钮。同时，在 res\layout\目录下创建一个对话框布局资源文件 style.xml，在文件中定义对话框使用的布局。

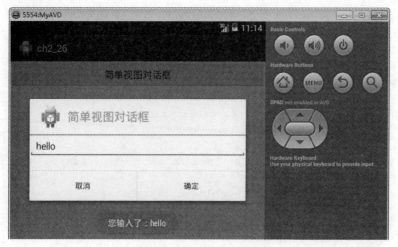

图 2-51　程序运行结果

activity_main.xml 代码如下:

```xml
<?xml version="1.0" encoding="utf-8"?>
<LinearLayout
xmlns:android="http://schemas.android.com/apk/res/android"
    android:orientation="vertical"
    android:layout_width="fill_parent"
    android:layout_height="fill_parent">
    <Button android:id="@+id/button1"
        android:layout_width="fill_parent"
        android:layout_height="wrap_content"
        android:text="自定义格式对话框" />
</LinearLayout>
```

style.xml 代码如下:

```xml
<?xml version="1.0" encoding="utf-8"?>
<LinearLayout
xmlns:android="http://schemas.android.com/apk/res/android"
    android:orientation="vertical"
    android:layout_width="wrap_content"
    android:layout_height="wrap_content"
    android:weightSum="1">
    <LinearLayout android:id="@+id/dialogname"
        android:orientation="horizontal"
        android:layout_width="wrap_content"
        android:layout_height="wrap_content">
        <TextView android:text="姓名: "
            android:layout_width="wrap_content"
            android:layout_height="wrap_content"/>
        <EditText android:id="@+id/etUserName"
            android:layout_width="wrap_content"
            android:layout_height="wrap_content"
            android:minWidth="200dip"/>
    </LinearLayout>
    <LinearLayout android:id="@+id/dialognum"
```

```
        android:orientation="horizontal"
        android:layout_width="wrap_content"
        android:layout_height="wrap_content">
        <TextView android:text="密码: "
            android:layout_width="wrap_content"
            android:layout_height="wrap_content"/>
        <EditText android:id="@+id/etPassWord"
            android:layout_width="wrap_content"
            android:layout_height="wrap_content"
            android:minWidth="200dip"/>
    </LinearLayout>
</LinearLayout>
```

打开 src 文件夹下的包 com.example.ch2_27 中的 MainActivity 类，修改代码如下：

```
package com.example.ch2_27;
import android.os.Bundle;
import android.view.LayoutInflater;
import android.view.View;
import android.view.View.OnClickListener;
import android.widget.Button;
import android.widget.EditText;
import android.widget.Toast;
import android.app.Activity;
import android.app.AlertDialog.Builder;
import android.content.DialogInterface;
public class MainActivity extends Activity {
    protected void onCreate(Bundle savedInstanceState) {
        super.onCreate(savedInstanceState);
        setContentView(R.layout.activity_main);
        Button bn=(Button)findViewById(R.id.button1);
        bn.setOnClickListener(new OnClickListener() {
            public void onClick(View arg0) {
                //创建 Builder 对象
                Builder dg=new Builder(MainActivity.this);
                //设置对话框的图标
                dg.setIcon(R.drawable.ic_launcher);
                //设置对话框的标题
                dg.setTitle("自定义输入框");
                //创建 LayoutInflater 对象
                LayoutInflater
factory=LayoutInflater.from(MainActivity.this);
                //把布局文件填入视图中
                final View textEntryView=factory.inflate(R.layout.style,
null);
                //设置对话框的视图
                dg.setView(textEntryView);
                //设置对话框的确定按钮，并设置按钮的事件处理
                dg.setPositiveButton("确定", new DialogInterface.
OnClickListener() {
                    public void onClick(DialogInterface dilog, int which) {
                        //获取对话框中两个文本框的内容并提示
```

```
                    EditText userName=(EditText)textEntryView.
findViewById(R.id.etUserName);
                    EditText
passWord=(EditText)textEntryView.findViewById(R.id.etPassWord);
                    Toast.makeText(MainActivity.this, "您输入了 "+"姓名:
"+userName.getText()+" 密码: "+passWord.getText(),Toast.LENGTH_LONG).show();
                    }
            });
            //设置对话框的取消按钮，并设置按钮的事件处理
            dg.setNegativeButton("取消", new DialogInterface.
OnClickListener() {
                    public void onClick(DialogInterface dilog, int which) {
                    }
            });
            //创建并显示一个对话框
            dg.create().show();
            }
        });
    }
}
```

程序运行结果如图 2-52 所示。

图 2-52　程序运行结果

任务 2.3　实现事件响应与处理

　　不管是桌面应用还是手机应用程序，面对最多的是用户，经常需要处理的是用户动作，也就是需要为用户动作提供响应，这种为用户动作提供响应的机制就是事件处理。Android提供了两套事件处理机制，即基于监听的事件处理机制和基于回调的事件处理机制。对于基于监听的事件处理机制而言，主要做法是为界面组件绑定事件监听器；对于基于回调的事件处理机制而言，主要做法是重写组件的回调方法或重写组件所在 Activity 的回调方法。一般来说，基于回调的事件处理可用于处理一些通用性事件，处理代码会显得比较简洁。但对于某些特定的事件，无法使用基于回调机制的事件处理，只能采用基于监听的事件处理。

2.3.1 基于监听的事件处理

基于监听的事件处理机制采用事件监听处理模型来响应事件。事件监听处理模型由事件源（Event Source）、事件（Event）和事件监听器（Event Listener）3 类对象组成。事件源是事件发生的场所，通常就是各个组件，如按钮、窗口、菜单等；事件封装了界面组件上发生的特定事情，通常就是一次用户操作。如果程序需要获得界面组件上所发生事件的相关信息，可通过 Event 对象来获得；事件监听器负责监听事件源所发生的事件，并对各种事件做出响应。当用户按下一个按钮或单击某个菜单项后，就会激发一个事件。该事件会触发事件源上注册的事件监听器，监听器调用其内部的方法对事件做出响应。根据事件监听器的来源不同，基于监听的事件处理机制分为 5 种情况，即内部类作为监听器、匿名内部类作为监听器、外部类作为监听器、Activity 本身作为监听器、直接绑定到标签（本质上还是 Activity 作为监听器）。

1. 内部类作为监听器

内部类是指事件监听器类定义在 Activity 类里面。使用内部类可以在当前 Activity 类中复用监听器；因为监听器类是外部 Activity 类的内部类，所以可以自由访问外部 Activity 类的所有界面组件。这是内部类的两个优势。

【例 2-28】建立名为 ch2_28 的 Android 工程，在 res\layout\目录下创建一个布局资源文件 activity_main.xml，在文件中定义一个按钮。

activity_main.xml 代码如下：

```xml
<?xml version="1.0" encoding="utf-8"?>
<LinearLayout
xmlns:android="http://schemas.android.com/apk/res/android"
    android:orientation="vertical"
    android:layout_width="fill_parent"
    android:layout_height="fill_parent" >
    <Button android:id="@+id/button1"
        android:layout_width="fill_parent"
        android:layout_height="wrap_content"
        android:text="内部类" />
</LinearLayout>
```

打开 src 文件夹下的包 com.example.ch2_28 中的 MainActivity 类，修改代码如下：

```java
package com.example.ch2_28;
import android.os.Bundle;
import android.app.Activity;
import android.view.View;
import android.view.View.OnClickListener;
import android.widget.Button;
import android.widget.Toast;
public class MainActivity extends Activity {
    protected void onCreate(Bundle savedInstanceState) {
        super.onCreate(savedInstanceState);
        setContentView(R.layout.activity_main);
        Button bn=(Button) findViewById(R.id.button1);
        //为按钮绑定一个内部类形式的事件监听器
        bn.setOnClickListener(new MyClickListener());
```

```
        }
    //在外部Activity类中定义内部监听器类
    class MyClickListener implements OnClickListener{
        public void onClick(View arg0){
            Toast.makeText(MainActivity.this, "内部类作为监听器响应事件",
Toast.LENGTH_LONG).show();
        }
    }
}
```
程序运行结果如图 2-53 所示。

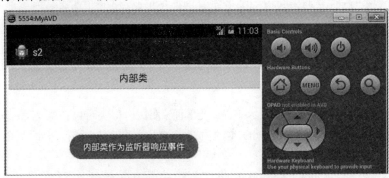

图 2-53　程序运行结果

2. 匿名内部类作为监听器

大多数情况下事件监听器没有什么复用价值，因此大部分事件监听器只是临时使用一次，这种情况下使用匿名内部类形式的事件监听器更为合适。

【例 2-29】建立名为 ch2_29 的 Android 工程，在 res\layout\目录下创建一个布局资源文件 activity_main.xml，在文件中定义一个按钮。

activity_main.xml 代码如下：

```xml
<?xml version="1.0" encoding="utf-8"?>
<LinearLayout
xmlns:android="http://schemas.android.com/apk/res/android"
    android:orientation="vertical"
    android:layout_width="fill_parent"
    android:layout_height="fill_parent" >
    <Button android:id="@+id/button1"
        android:layout_width="fill_parent"
        android:layout_height="wrap_content"
        android:text="匿名内部类" />
</LinearLayout>
```
打开 src 文件夹下的包 com.example.ch2_29 中的 MainActivity 类，修改代码如下：

```java
package com.example.ch2_29;
import android.os.Bundle;
import android.app.Activity;
import android.view.View;
import android.view.View.OnClickListener;
import android.widget.Button;
import android.widget.Toast;
```

```java
public class MainActivity extends Activity {
    protected void onCreate(Bundle savedInstanceState) {
        super.onCreate(savedInstanceState);
        setContentView(R.layout.activity_main);
        Button bn=(Button) findViewById(R.id.button1);
        //为按钮绑定一个匿名内部类形式的事件监听器
        bn.setOnClickListener(new OnClickListener() {
            public void onClick(View arg0) {
                Toast.makeText(MainActivity.this, "匿名内部类作为监听响应事
件", Toast.LENGTH_LONG).show();
            }
        });
    }
}
```

程序运行结果如图 2-54 所示。

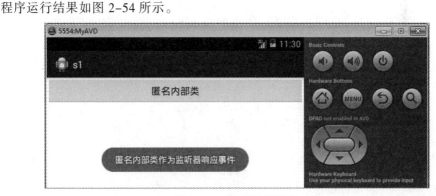

图 2-54　程序运行结果

3. 外部类作为监听器

外部类是指事件监听器类定义在 Activity 类的外面。如果事件监听器需要被多个用户界面所共享，而且主要是完成某种业务逻辑的实现，则可以考虑使用外部类的形式来定义事件监听器类。事件监听器类可与 Activity 类定义在同一个 Java 文件中，也可以定义在两个不同的 Java 文件中。例 2-30 就属于后一种情况。

【例 2-30】建立名为 ch2_30 的 Android 工程，在 res\layout\目录下创建一个布局资源文件 activity_main.xml，在文件中定义一个按钮。

activity_main.xml 代码如下：

```xml
<?xml version="1.0" encoding="utf-8"?>
<LinearLayout
xmlns:android="http://schemas.android.com/apk/res/android"
    android:orientation="vertical"
    android:layout_width="fill_parent"
    android:layout_height="fill_parent" >
    <Button android:id="@+id/button1"
        android:layout_width="fill_parent"
        android:layout_height="wrap_content"
        android:text="外部类" />
</LinearLayout>
```

在 src 文件夹下的包 com.example.ch2_30 中新建 MyClickListene 类，修改代码如下：

```
package com.example.ch2_30;
import android.app.Activity;
import android.view.View;
import android.view.View.OnClickListener;
import android.widget.Toast;
public class MyClickListener implements OnClickListener {
    private Activity act;
    public MyClickListener(Activity act){
        this.act=act;
    }
    public void onClick(View arg0){
        Toast.makeText(act, "外部类作为监听器响应事件",Toast.LENGTH_LONG).
show();
    }
}
```

打开 src 文件夹下的包 com.example.ch2_30 中的 MainActivity 类，修改代码如下：

```
package com.example.ch2_30;
import android.os.Bundle;
import android.widget.Button;
import android.app.Activity;
public class MainActivity extends Activity {
    protected void onCreate(Bundle savedInstanceState) {
        super.onCreate(savedInstanceState);
        setContentView(R.layout.activity_main);
        Button bn=(Button) findViewById(R.id.button1);
        //为按钮绑定一个外部类形式的事件监听器
        bn.setOnClickListener(new MyClickListener(this));
    }
}
```

程序运行结果如图 2-55 所示。

图 2-55 程序运行结果

4. Activity 本身作为监听器

Activity 类本身也可以作为事件监听器类，此时事件处理方法直接定义在 Activity 类中，形式非常简单。

【例 2-31】建立名为 ch2_31 的 Android 工程，在 res\layout\目录下创建一个布局资源文件 activity_main.xml，在文件中定义一个按钮。

activity_main.xml 代码如下：

```
<?xml version="1.0" encoding="utf-8"?>
<LinearLayout
xmlns:android="http://schemas.android.com/apk/res/android"
    android:orientation="vertical"
    android:layout_width="fill_parent"
    android:layout_height="fill_parent" >
    <Button android:id="@+id/button1"
        android:layout_width="fill_parent"
        android:layout_height="wrap_content"
        android:text="Activity本身" />
</LinearLayout>
```

打开 src 文件夹下的包 com.example.ch2_31 中的 MainActivity 类，修改代码如下：

```
package com.example.ch2_31;
import android.os.Bundle;
import android.app.Activity;
import android.view.View;
import android.view.View.OnClickListener;
import android.widget.Button;
import android.widget.Toast;
public class MainActivity extends Activity implements OnClickListener {
    protected void onCreate(Bundle savedInstanceState) {
        super.onCreate(savedInstanceState);
        setContentView(R.layout.activity_main);
        Button bn=(Button) findViewById(R.id.button1);
        //为按钮绑定 Activity 本身作为事件监听器
        bn.setOnClickListener(this);
    }
    public void onClick(View arg0) {
        Toast.makeText(this, "Activity本身作为监听器响应事件",
Toast.LENGTH_LONG).show();
    }
}
```

程序运行结果如图 2-56 所示。

图 2-56　程序运行结果

5. 直接绑定到标签

Android 还有一种更简单的绑定事件监听器的方式，即直接在界面布局文件中为指定标签绑定事件处理方法。很多 Android 界面组件标签都支持 onClick、onLongClick 等属性，这些属性的属性值就是一个形如×××（View source）的方法的方法名。从本质上讲，这种直接绑定到标签的形式还是由 Activity 作为事件监听器。

【例 2-32】建立名为 ch2_32 的 Android 工程，在 res\layout\目录下创建一个布局资源文件 activity_main.xml，在文件中定义一个按钮。

activity_main.xml 代码如下：

```xml
<?xml version="1.0" encoding="utf-8"?>
<LinearLayout
xmlns:android="http://schemas.android.com/apk/res/android"
    android:orientation="vertical"
    android:layout_width="fill_parent"
    android:layout_height="fill_parent" >
    <Button
        android:layout_width="fill_parent"
        android:layout_height="wrap_content"
        android:text="直接绑定到标签"
        android:onClick="onClick" />
</LinearLayout>
```

打开 src 文件夹下的包 com.example.ch2_32 中的 MainActivity 类，修改代码如下：

```java
package com.example.ch2_32;
import android.os.Bundle;
import android.app.Activity;
import android.view.View;
import android.view.View.OnClickListener;
import android.widget.Toast;
public class MainActivity extends Activity implements OnClickListener {
    protected void onCreate(Bundle savedInstanceState) {
        super.onCreate(savedInstanceState);
        setContentView(R.layout.activity_main);
    }
    public void onClick(View arg0) {
        Toast.makeText(this, "使用标签绑定 Activity 响应事件", Toast.LENGTH_
LONG).show();
    }
}
```

程序运行结果如图 2-57 所示。

图 2-57　程序运行结果

2.3.2 基于回调的事件处理

除了基于监听的事件处理模型之外，Android 还提供了一种基于回调的事件处理模型。从代码实现的角度来看，基于回调的事件处理模型更加简单。如果说事件监听机制是一种委托式的事件处理（事件源将事件处理委托给监听器），那么回调机制则恰好与之相反。对于基于回调的事件处理模型来说，事件源与事件监听器是统一的，或者说事件监听器完全消失了。当用户在界面组件上激发某个事件时，组件自己特定的方法将会负责处理该事件。为了使用回调机制类处理组件上所发生的事件，需要为该组件提供对应的事件处理方法。而 Java 是一种静态语言，无法为某个对象动态添加方法，因此只能继承组件类，并重写该类的事件处理方法来实现。Android 为所有组件都提供了一些事件处理回调方法，如 onKeyDown()、onKeyLongPress()、onKeyUp()、onTouchEvent()等，它们都有一个 boolean 类型的返回值，用于标识该方法是否能够完全处理该事件。如果处理事件的回调方法返回 true，表明该方法已完成处理该事件，该事件不会传播出去；如果处理事件的回调方法返回 false，表明该方法并未完全处理该事件，该事件会传播出去。对于基于回调的事件传播而言，组件上所发生的事情不仅激发该组件上的回调方法，也会触发该组件所在 Activity 的回调方法，前提是事件能够传播到该 Activity 上。

当界面组件上产生某个事件后，Android 最先触发该组件所绑定的事件监听器，接着才触发该组件提供的事件回调方法，然后还会将事件传播到该组件所在的 Activity。在这个过程中，如果任何一个事件处理方法返回了 true，那么该事件将不会继续向外传播。

1. 回调组件自己的方法

组件没有绑定事件监听器或监听器事件处理方法返回 true 时，Android 会回调组件自己的方法来处理事件。

【例 2-33】建立名为 *ch2_33* 的 Android 工程，在 res\layout\目录下创建一个布局资源文件 activity_main.xml，在文件中定义一个自定义按钮。

activity_main.xml 代码如下：

```xml
<?xml version="1.0" encoding="utf-8"?>
<LinearLayout
xmlns:android="http://schemas.android.com/apk/res/android"
    android:orientation="vertical"
    android:layout_width="fill_parent"
    android:layout_height="fill_parent" >
    <com.example.ch2_33 .MyButton
        android:id="@+id/MyButton1"
        android:layout_width="fill_parent"
        android:layout_height="wrap_content"
        android:text="点击按钮，回调 按钮组件自身的方法" />
</LinearLayout>
```

在 src 文件夹下的包 com.example.ch2_33 中新建 MyButton 类，修改代码如下：

```java
package com.example.ch2_33;
import android.content.Context;
import android.util.AttributeSet;
import android.view.MotionEvent;
import android.widget.Button;
```

```
import android.widget.Toast;
public class MyButton extends Button {
    public MyButton(Context context,AttributeSet set){
        super(context,set);
    }
    public boolean onTouchEvent(MotionEvent event){
        super.onTouchEvent(event);
        Toast.makeText(getContext(), "回调组件自身的方法响应事件",Toast.
LENGTH_LONG).show();
        return true;
    }
}
```

打开 src 文件夹下的包 com.example.ch2_33 中的 MainActivity 类，修改代码如下：

```
package com.example.ch2_33;
import android.os.Bundle;
import android.app.Activity;
public class MainActivity extends Activity {
    protected void onCreate(Bundle savedInstanceState) {
        super.onCreate(savedInstanceState);
        setContentView(R.layout.activity_main);
    }
}
```

程序运行结果如图 2-58 所示。

图 2-58　程序运行结果

2. 回调组件所在 Activity 的方法

组件回调方法返回 true 时，Android 将调用所在 Activity 的方法处理事件。

【例 2-34】建立名为 ch2_34 的 Android 工程，在 res\layout\目录下创建一个布局资源文件 activity_main.xml，在文件中定义一个按钮。

activity_main.xml 代码如下：

```
<?xml version="1.0" encoding="utf-8"?>
<LinearLayout
xmlns:android="http://schemas.android.com/apk/res/android"
    android:orientation="vertical"
    android:layout_width="fill_parent"
    android:layout_height="fill_parent" >
    <Button android:id="@+id/button1"
        android:layout_width="fill_parent"
```

```
        android:layout_height="wrap_content"
        android:text="点击键盘上的菜单按钮，回调按钮所在 Activity 的方法"/>
</LinearLayout>
```

打开 src 文件夹下的包 com.example.ch2_34 中的 MainActivity 类，修改代码如下：

```
package com.example.ch2_34;
import android.os.Bundle;
import android.view.KeyEvent;
import android.widget.Toast;
import android.app.Activity;
public class MainActivity extends Activity {
    protected void onCreate(Bundle savedInstanceState) {
        super.onCreate(savedInstanceState);
        setContentView(R.layout.activity_main);
    }
    public boolean onKeyDown(int keyCode,KeyEvent event){
        super.onKeyDown(keyCode, event);
        Toast.makeText(this, "回调组件所在 Activity 的方法响应事件",
Toast.LENGTH_LONG).show();
        return true;
    }
}
```

程序运行结果如图 2-59 所示。

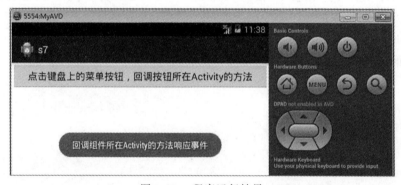

图 2-59　程序运行结果

任务 2.4　创建并使用多线程

　　当用户点击一个按钮时，如果执行的是一个耗时较长的操作，处理不好会导致系统假死，用户体验很差。而 Android 则更进一步，任意一个 Activity 响应超过 5 s 就会被强制关闭。因此，需要另外启动一个线程来处理长耗时操作，主线程则不受其影响。在耗时操作完成后，新启动的线程发送消息给主线程，主线程再做相应处理。线程之间的消息传递和处理使用的就是 Handler 的消息传递机制。另一方面，Android 平台不允许 Activity 新启动的线程访问该 Activity 的界面组件，这样就会导致新启动的线程无法动态改变界面组件的属性值。但在实际 Android 开发中，尤其是涉及动画的游戏开发中，需要让新启动的线程周期性地改变界面组件的属性值，这也需要借助 Handler 来实现。

2.4.1 消息的发送与处理

Handler 类的主要作用有两个，其一是在新启动的线程中发送消息；其二是在主线程中获取并处理消息。为了让主线程能适时处理新启动的线程发来的消息，显然只能通过回调的方式来实现。开发者可重写 Handler 类中处理消息的方法，当新启动的线程发送消息时，Handler 类中处理消息的方法被自动回调。在 Handler 类中，发送消息的主要方法是 sendMessage（Messang msg）；处理消息的主要方法是 handleMessage（Message msg）。

2.4.2 线程的创建与启动

在 Android 开发中 TimrTask、Thread 和 Runnable 均代表线程，可使用关键字 new 和这些类的构造方法创建线程实例。TimrTask、Thread 和 Runnable 的定义中均有 run()方法可重写这个方法，将耗时较长的操作放在其中，并在操作结束后通过调用 Handler 对象的 sendMessage（Messang msg）方法向主线程发送消息。

创建线程的类不同，启动线程的方式也有所区别。若使用 TimrTask 类创建线程，则可调用 Timer 对象的 schedule（TimrTask 对象）方法启动线程；若使用 Thread 类创建线程，则可调用 Thread 对象的 start()方法启动线程；若使用 Runnable 类创建线程，则可调用 Handler 对象的 post（Runnable 对象）方法启动线程。

下面的计时器程序使用 Handler 来实时更新时间并反映在进度条中。

【例 2-35】建立名为 ch2_35 的 Android 工程，在 res\layout\目录下创建一个布局资源文件 activity_main.xml，在文件中定义一个 ProgressBar 和一个 Button 控件。

activity_main.xml 代码如下：

```xml
<?xml version="1.0" encoding="utf-8"?>
<LinearLayout
xmlns:android="http://schemas.android.com/apk/res/android"
    android:orientation="vertical"
    android:layout_width="fill_parent"
    android:layout_height="fill_parent">
    <ProgressBar android:id="@+id/Lbar"
        style="@android:style/Widget.ProgressBar.Horizontal"
        android:layout_width="fill_parent"
        android:layout_height="30dp"
        android:visibility="gone"/>
    <Button android:id="@+id/myButton"
        android:layout_width="wrap_content"
        android:layout_height="wrap_content"
        android:text="开始计时" />
</LinearLayout>
```

打开 src 文件夹下的包 com.example.ch2_35 中的 MainActivity 类，修改代码如下：

```java
package com.example.ch2_35;
import android.os.Bundle;
import android.os.Handler;
import android.os.Message;
import android.view.View;
import android.view.View.OnClickListener;
import android.widget.Button;
```

```
import android.widget.ProgressBar;
import android.app.Activity;
public class MainActivity extends Activity {
    private ProgressBar pb=null;
    private Button bt=null;
    private int i=0;
    protected void onCreate(Bundle savedInstanceState) {
        super.onCreate(savedInstanceState);
        setContentView(R.layout.activity_main);
        pb=(ProgressBar)findViewById(R.id.Lbar);
        bt=(Button)findViewById(R.id.myButton);
        bt.setOnClickListener(new OnClickListener() {
            public void onClick(View arg0) {
                pb.setVisibility(View.VISIBLE);
                pb.setMax(100);
                //启动线程
                updateHandler.post(handlerrunable);
            }
        });
    }
    Handler updateHandler=new Handler(){
        public void handleMessage(Message msg) {
            //更新进度条进度
            pb.setProgress(msg.arg1);
            bt.setText(msg.arg1+"秒");
            //启动线程
            updateHandler.post(handlerrunable);
        }
    };
    Runnable handlerrunable=new Runnable() {
        public void run() {
            //获取 Message 的实例
            Message msg=updateHandler.obtainMessage();
            //计时，模拟长耗时的操作
            try{
                Thread.sleep(100);
            }catch(InterruptedException e){
                e.printStackTrace();
            }
            i++;
            //若已到达计时值，则清理该线程，否则回传一个更新消息
            msg.arg1=i;
            if(i>100){
                pb.setVisibility(View.GONE);
                pb.setProgress(0);
                bt.setText("开始计时");
                i=0;
                updateHandler.removeCallbacks(handlerrunable);
            }
            else{
```

```
                    updateHandler.sendMessage(msg);
            }
        }
    };
}
```

程序运行后可以看到进度条在实时更新直到达到 100 s，结果如图 2-60 所示。

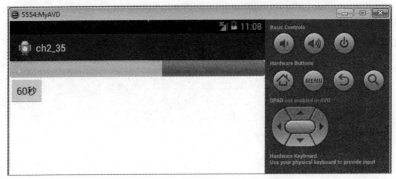

图 2-60　程序运行结果

任务 2.5　实现用户界面切换

Activity 是 Android 应用中最重要、最常见的应用程序组件（另外 3 个分别是 Service、BroadcastReceiver 和 ContentProvider）。前面看到的示例通常都只包含一个 Activity，但在实际应用中这是不太可能的，实际中一个 Android 应用往往包含多个 Activity，不同的 Activity 向用户呈现不同的操作界面。Android 应用的多个 Activity 组成 Activity 栈，当前活动的 Activity 位于栈顶。

2.5.1　Activity 的创建和注册

1. Activity 的创建

创建自己的 Activity 需要继承 Activity 基类。当然，在不同应用场景下，有时也要求继承 Activity 的子类。例如，如果应用程序只包括列表，则可以继承 ListActivity；如果应用程序界面需要实现标签页效果，则可以继承 TabActivity。

当一个 Activity 类定义出来之后，这个 Activity 类何时被实例化、它所包含的方法何时被调用，这些都不是由开发者决定的，都应该由 Android 系统来决定。为了能响应用户的操作，创建 Activity 时需要实现一个或多个方法。其中，最常见的就是 onCreate(Bundle status)方法，该方法将会在 Activity 创建时被回调，可在该方法中调用 Activity 的 setContentView(view)方法来显示要展示的 View。为了管理应用程序界面中的各组件，调用 Activity 的 findViewById(int id) 方法来获取程序界面中的组件，然后修改各组件的属性和方法即可。Activity 的创建可参考前面的示例，此处不再赘述。

2. Activity 的注册

Android 应用要求所有应用程序组件都必须在工程的 AndroidManifest.xml 配置文件中进行注册，下面是一个配置文件的示例。

```xml
<?xml version="1.0" encoding="utf-8"?>
<manifest xmlns:android="http://schemas.android.com/apk/res/android"
    package="com.example.helloworld"
    android:versionCode="1"
    android:versionName="1.0">
    <uses-sdk android:minSdkVersion="8"
        android:targetSdkVersion="18"/>
    <application android:icon="@drawable/ic_launcher"
        android:label="@string/app_name">
        <activity android:name="com.example.helloworld.MainActivity"
            android:icon="@drawable/ic_launcher"
            android:label="@string/app_name">
            <intent-filter>
                <action android:name="android.intent.action.MAIN" />
                <category android:name="android.intent.category.LAUNCHER"
/>
            </intent-filter>
        </activity>
    </application>
</manifest>
```

从上面的配置文件可以看出，只要为<application.../>元素添加<activity.../>子元素即可配置 Activity。<activity.../>元素有 3 个属性，分别是 name、icon 和 label。name 属性指定 Activity 对应的类名；icon 属性指定 Activity 显示的图标；label 属性指定 Activity 显示的名称。除此之外，配置 Activity 时通常还需要为<activity.../>元素添加一个或多个<intent-filter...>子元素，用于系统匹配查找该 Activity。<intent-filter...>元素包含了<action.../>和<category.../>两个子元素，其中<action.../>子元素表示 Activity 所要完成的动作；<category.../>子元素用于为完成<action.../>子元素指定动作增加额外的附加类别信息。在上面的配置示例中，<action android:name="android.intent.action.MAIN"/>定义 Activity 作为应用程序入口。Android 程序没有 main()函数，可指定一个或多个 Activity 作为启动入口；<category android:name="android.intent.category.LAUNCHER"/>定义 Activity 显示在屏幕的启动栏中，也就是说此入口采用系统图标或快捷方式启动。

2.5.2 Activity 的启动和关闭

正如前面介绍的，一个 Android 应用通常都会包含多个 Activity，但只有一个 Activity 会作为程序的入口，Android 应用运行时将会自动启动并执行该 Activity。至于应用中的其他 Activity，通常都由入口 Activity 启动，或由入口 Activity 启动的 Activity 启动。

1. Activity 的启动

一个 Activity 启动其他 Activity 有两种方法，即 startActivity(Intent intent) 和 startActivityForResult(Intent intent, int requestCode)。后者启动 Activity 时可指定一个请求码（requestCode），请求码的值由开发者根据业务自行设置，用于标识请求来源。这两种启动 Activity 的方法都用到了 Intent 参数，Intent 是 Android 程序中各应用程序组件之间通信的重要方式。一个 Activity 通过 Intent 来表示自居的"意图"——想要启动哪个应用程序组件，被启动的应用程序组件既可以是 Activity，也可以是 Service。

2. Activity 的关闭

关闭 Activity 有两种方法，即 finish()和 finishActivity(int requestCode)。其中，finish()方法可结束当前的 Activity，而 finishActivity(int requestCode)方法可结束以 startActivityForResult (Intent intent，int requestCode)方法启动的 Activity。

下面的示例程序示范了如何启动 Activity，并允许程序在两个 Activity 之间切换。

【例 2-36】建立名为 ch2_36 的 Android 工程，包含两个 Activity。在 res\layout\目录下创建两个布局资源文件 activity_main.xml 和 activity_second.xml，分别对应这两个 Activity。在 activity_main.xml 文件中定义了一个 Button 控件，用于进入第二个 Activity；在 activity_second.xml 文件中定义了两个 Button 控件，一个用于简单返回第一个 Activity（不关闭自己），另一个用于结束自己并返回第一个 Activity。两个 Activity 的 Java 代码分别存放在 MainActivity 类及 SecondActivity 类中。特别应注意，SecondActivity 类必须在 AndroidManifest.xml 文件进行注册，即为<application.../>元素添加<activity android:name="com.example.ch2_36.SecondActivity"/>子元素。

activity_main.xml 代码如下：

```xml
<?xml version="1.0" encoding="utf-8"?>
<LinearLayout
xmlns:android="http://schemas.android.com/apk/res/android"
    android:orientation="vertical"
    android:layout_width="fill_parent"
    android:layout_height="fill_parent"
    android:gravity="center_horizontal">
    <Button android:id="@+id/bn"
        android:layout_width="wrap_content"
        android:layout_height="wrap_content"
        android:text="切换到第二个界面" />
</LinearLayout>
```

activity_second.xml 代码如下：

```xml
<?xml version="1.0" encoding="utf-8"?>
<LinearLayout
xmlns:android="http://schemas.android.com/apk/res/android"
    android:orientation="vertical"
    android:layout_width="match_parent"
    android:layout_height="match_parent"
    android:gravity="center_horizontal">
    <Button android:id="@+id/previous"
        android:layout_width="wrap_content"
        android:layout_height="wrap_content"
        android:text="切换回第一个界面（不关自己）" />
    <Button android:id="@+id/close"
        android:layout_width="wrap_content"
        android:layout_height="wrap_content"
        android:text="切换回第一个界面（关闭自己）" />
</LinearLayout>
```

打开 src 文件夹下的包 com.example.ch2_36 中的 MainActivity 类，修改代码如下：

```java
package com.example.ch2_36;
import android.os.Bundle;
```

```java
import android.view.View;
import android.view.View.OnClickListener;
import android.widget.Button;
import android.app.Activity;
import android.content.Intent;
public class MainActivity extends Activity {
    protected void onCreate(Bundle savedInstanceState) {
        super.onCreate(savedInstanceState);
        setContentView(R.layout.activity_main);
        //获取应用程序中的 bn 按钮
        Button bn=(Button) findViewById(R.id.bn);
        //为 bn 按钮绑定事件监听器
        bn.setOnClickListener(new OnClickListener() {
            public void onClick(View arg0) {
                //创建需要启动的 Activity 对应的 Intent
                Intent intent=new Intent(MainActivity.this
,SecondActivity.class);
                //启动 Intent 对应的 Activity
                startActivity(intent);
            }
        });
    }
}
```

在 src 文件夹下的包 com.example.ch2_36 中创建 SecondActivity 类，修改代码如下：

```java
package com.example.ch2_36;
import android.app.Activity;
import android.content.Intent;
import android.os.Bundle;
import android.view.View;
import android.view.View.OnClickListener;
import android.widget.Button;
public class SecondActivity extends Activity {
    protected void onCreate(Bundle savedInstanceState) {
        super.onCreate(savedInstanceState);
        setContentView(R.layout.activity_second);
        //获取应用程序中的 previous 按钮
        Button previous=(Button) findViewById(R.id.previous);
        //获取应用程序中的 close 按钮
        Button close=(Button) findViewById(R.id.close);
        //为 previous 按钮绑定事件监听器
        previous.setOnClickListener(new OnClickListener() {
            public void onClick(View arg0) {
                //创建需要启动的 Activity 对应的 Intent
                Intent intent=new Intent(SecondActivity.this,
MainActivity.class);
                //启动 Intent 对应的 Activity
                startActivity(intent);
            }
        });
        //为 close 按钮绑定事件监听器
        close.setOnClickListener(new OnClickListener() {
            public void onClick(View arg0) {
```

```
            //创建需要启动的Activity对应的Intent
            Intent intent=new Intent(SecondActivity.this,
    MainActivity.class);
            //启动Intent对应的Activity
            startActivity(intent);
            //结束当前Activity
            finish();
        }
    });
    }
}
```

程序运行结果如图 2-61 所示。

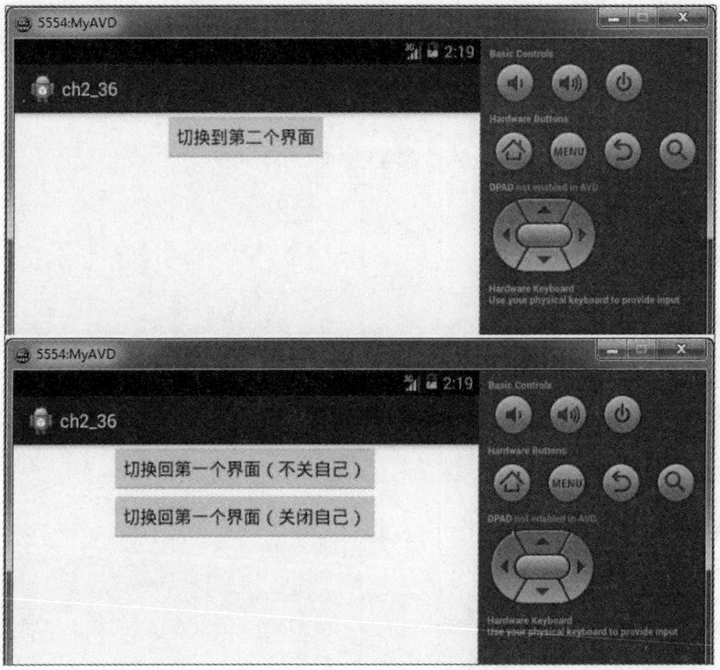

图 2-61　程序运行结果

2.5.3　Activity 之间的数据传递

当一个 Activity 启动另一个 Activity 时，常常会有一些数据需要传过去。在 Activity 之间进行数据交换比较简单，因为两个 Activity 之间本来就有一个"信使"——Intent，将需要交换的数据放入 Intent 即可。Intent 提供了多个方法来携带数据，最主要的两个是 putExtras(Bundle data)和 getExtras()。其中，putExtras(Bundle data)方法可向 Intent 中放入数据集合 Bundle，而 getExtras()方法则可以从 Intent 取出数据集合。Bundle 提供了多个方法来存入或取出数据。存入数据的方法主要有 putXxx(String key,Xxx data)和 putSerializable(String key,Serializable data)。其中，putXxx(String key,Xxx data)方法可向 Bundle 中放入 Int、Long 等各种类型的简单数据，而 putSerializable(String key,Serializable data)方法可向 Bundle 中放入一个可序列化的对象；取出数据的方法主要有 getXxx(String key)和 getSerializable(String key)。其中，getXxx(String key)方法可从 Bundle 中取出 Int、Long 等各种类型的简单数据，而 getSerializable(String key)

方法可从 Bundle 中取出一个可序列化的对象。

如果不使用 Bundle，也可调用 Intent 的 putXxxExtra(String key,Xxx data) 方法或 putSerializableExtra (String key,Serializable data)方法直接将数据放入 Intent 中；调用 Intent 的 getXxxExtra(String key) 方法或 getSerializableExtra(String key) 方法可直接从 Intent 中取出数据。其实，这种形式与使用 Bundle 是一样的。

1. 传递简单数据

【例 2-37】建立名为 ch2_37 的 Android 工程，包含两个 Activity。在 res\layout\目录下创建两个布局资源文件 activity_main.xml 和 activity_second.xml，分别对应这两个 Activity。在 activity_main.xml 文件中定义了两个文本框 TextView、两个编辑框 EditText 和一个按钮 Button；在 activity_second.xml 文件中定义了一个文本框 TextView。两个 Activity 的 Java 代码分别存放在 MainActivity 类及 SecondActivity 类中。应注意，SecondActivity 类必须在 AndroidManifest.xml 文件中进行注册，即为 <application.../> 元素添加 <activity android:name="com.example.ch2_37.SecondActivity"/>子元素。

activity_main.xml 代码如下：

```xml
<?xml version="1.0" encoding="utf-8"?>
<LinearLayout
xmlns:android="http://schemas.android.com/apk/res/android"
    android:orientation="vertical"
    android:layout_width="fill_parent"
    android:layout_height="fill_parent"
    android:gravity="center_horizontal">
    <LinearLayout android:orientation="horizontal"
        android:layout_width="fill_parent"
        android:layout_height="wrap_content"
        android:gravity="center_horizontal">
        <TextView android:id="@+id/textName"
            android:layout_width="wrap_content"
            android:layout_height="wrap_content"
            android:text="姓名: "/>
        <EditText android:id="@+id/editName"
            android:layout_width="wrap_content"
            android:layout_height="wrap_content"
            android:width="200sp"/>
    </LinearLayout>
    <LinearLayout android:orientation="horizontal"
        android:layout_width="wrap_content"
        android:layout_height="wrap_content"
        android:gravity="center_horizontal">
        <TextView android:id="@+id/textAge"
            android:layout_width="wrap_content"
            android:layout_height="wrap_content"
            android:text="年龄: "/>
        <EditText android:id="@+id/editAge"
            android:layout_width="fill_parent"
            android:layout_height="wrap_content"
            android:width="200sp"
            android:digits="1234567890"/>
```

```
    </LinearLayout>
    <Button android:id="@+id/bn"
        android:layout_width="wrap_content"
        android:layout_height="wrap_content"
        android:text="切换到第二个 Activity"/>
</LinearLayout>
```

activity_second.xml 代码如下：

```
<?xml version="1.0" encoding="utf-8"?>
<LinearLayout
xmlns:android="http://schemas.android.com/apk/res/android"
    android:orientation="vertical"
    android:layout_width="fill_parent"
    android:layout_height="fill_parent"
    android:gravity="center_horizontal">
    <TextView android:id="@+id/textShow"
        android:layout_width="wrap_content"
        android:layout_height="wrap_content"
        android:textSize="30sp"/>
</LinearLayout>
```

打开 src 文件夹下的包 com.example.ch2_37 中的 MainActivity 类，修改代码如下：

```
package com.example.ch2_37;
import android.os.Bundle;
import android.text.TextUtils;
import android.view.View;
import android.view.View.OnClickListener;
import android.widget.Button;
import android.widget.EditText;
import android.app.Activity;
import android.content.Intent;
public class MainActivity extends Activity {
    protected void onCreate(Bundle savedInstanceState) {
        super.onCreate(savedInstanceState);
        setContentView(R.layout.activity_main);
        Button bn=(Button) findViewById(R.id.bn);
        bn.setOnClickListener(new OnClickListener() {
            public void onClick(View arg0) {
                EditText name=(EditText) findViewById(R.id.editName);
                EditText age=(EditText) findViewById(R.id.editAge);
                //创建 Intent 对象，用于启动第二个 Activity
                Intent intent=new Intent(MainActivity.this,SecondActivity.
class);
                //创建 Bundle 对象，它是存放数据的一个集合
                Bundle bundle=new Bundle();
                //存放一个键-值对
                bundle.putString("name",name.getText().toString());
                //存放一个键-值对
                if(TextUtils.isEmpty(age.getText().toString()))
                    bundle.putInt("age",0);
                else
                    bundle.putInt("age",Integer.parseInt(age.getText().
toString()));
                //将数据集合 Bundle 放入 Intent 对象中
```

```
            intent.putExtras(bundle);
            startActivity(intent);
        }
    });
    }
}
```

在 src 文件夹下的包 com.example.ch2_37 中创建 SecondActivity 类，修改代码如下：

```
package com.example.ch2_37;
import android.app.Activity;
import android.content.Intent;
import android.os.Bundle;
import android.widget.TextView;
public class SecondActivity extends Activity {
    protected void onCreate(Bundle savedInstanceState) {
        super.onCreate(savedInstanceState);
        setContentView(R.layout.activity_second);
        TextView tv=(TextView) findViewById(R.id.textShow);
        //获取启动第二个 Activity 的 Intent 对象
        Intent intent=getIntent();
        //从 Intent 对象中取出数据集合 Bundle 对象
        Bundle bundle=intent.getExtras();
        //根据键从 Bundle 对象中取出键-值对的值
        String name=bundle.getString("name");
        //根据键从 Bundle 对象中取出键-值对的值
        Integer age=bundle.getInt("age");
        tv.setText("姓名："+name+"    年龄："+age);
    }
}
```

程序运行结果如图 2-62 所示。

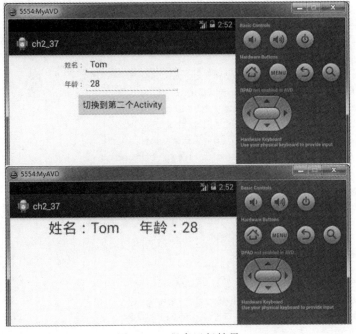

图 2-62　程序运行结果

2. 传递复杂数据

【例 2-38】建立名为 ch2_38 的 Android 工程，包含两个 Activity。在 res\layout\目录下创建两个布局资源文件 activity_main.xml 和 activity_second.xml，分别对应这两个 Activity。在 activity_main.xml 文件中定义了两个文本框 TextView、两个编辑框 EditText 和一个按钮 Button；在 activity_second.xml 文件中定义了一个文本框 TextView。两个 Activity 的 Java 代码分别存放在 MainActivity 类及 SecondActivity 类中。应注意，SecondActivity 类必须在 AndroidManifest.xml 文件中进行注册，即为<application...>元素添加<activity android:name="com. example.ch2_38. SecondActivity"/>子元素。

activity_main.xml 代码如下：

```xml
<?xml version="1.0" encoding="utf-8"?>
<LinearLayout
xmlns:android="http://schemas.android.com/apk/res/android"
    android:orientation="vertical"
    android:layout_width="fill_parent"
    android:layout_height="fill_parent"
    android:gravity="center_horizontal">
    <LinearLayout android:orientation="horizontal"
        android:layout_width="fill_parent"
        android:layout_height="wrap_content"
        android:gravity="center_horizontal">
        <TextView android:id="@+id/textStr1"
            android:layout_width="wrap_content"
            android:layout_height="wrap_content"
            android:text="字符串 1: "/>
        <EditText android:id="@+id/editStr1"
            android:layout_width="wrap_content"
            android:layout_height="wrap_content"
            android:width="200sp"/>
    </LinearLayout>
    <LinearLayout android:orientation="horizontal"
        android:layout_width="wrap_content"
        android:layout_height="wrap_content"
        android:gravity="center_horizontal">
        <TextView android:id="@+id/textStr2"
            android:layout_width="wrap_content"
            android:layout_height="wrap_content"
            android:text="字符串 2: "/>
        <EditText android:id="@+id/editStr2"
            android:layout_width="fill_parent"
            android:layout_height="wrap_content"
            android:width="200sp"/>
    </LinearLayout>
    <Button android:id="@+id/bn"
        android:layout_width="wrap_content"
        android:layout_height="wrap_content"
        android:text="切换到第二个 Activity"/>
</LinearLayout>
```

activity_second.xml 代码如下：

```xml
<?xml version="1.0" encoding="utf-8"?>
<LinearLayout
xmlns:android="http://schemas.android.com/apk/res/android"
    android:orientation="vertical"
    android:layout_width="fill_parent"
    android:layout_height="fill_parent"
    android:gravity="center_horizontal">
    <TextView android:id="@+id/textShow"
        android:layout_width="wrap_content"
        android:layout_height="wrap_content"
        android:textSize="30sp"/>
</LinearLayout>
```

打开 src 文件夹下的包 com.example.ch2_38 中的 MainActivity 类，修改代码如下：

```java
package com.example.ch2_38;
import java.util.ArrayList;
import android.os.Bundle;
import android.view.View;
import android.view.View.OnClickListener;
import android.widget.Button;
import android.widget.EditText;
import android.app.Activity;
import android.content.Intent;
public class MainActivity extends Activity {
    protected void onCreate(Bundle savedInstanceState) {
        super.onCreate(savedInstanceState);
        setContentView(R.layout.activity_main);
        Button bn=(Button) findViewById(R.id.bn);
        bn.setOnClickListener(new OnClickListener() {
            public void onClick(View arg0) {
                EditText str1=(EditText) findViewById(R.id.editStr1);
                EditText str2=(EditText) findViewById(R.id.editStr2);
                //创建一个 ArrayList 对象，以数组形式存放字符串
                ArrayList<String> al=new ArrayList<String>();
                al.add(str1.getText().toString());
                al.add(str2.getText().toString());
                //创建 Intent 对象，用于启动第二个 Activity
                Intent intent=new Intent(MainActivity.this,SecondActivity.
class);
                //创建 Bundle 对象，它是存放数据的一个集合
                Bundle bundle=new Bundle();
                //存放一个键-值对，键-值对的值为一序列化对象
                bundle.putSerializable("arraylist",al);
                //将数据集合 Bundle 放入 Intent 对象中
                intent.putExtras(bundle);
                startActivity(intent);
            }
        });
    }
}
```

在 src 文件夹下的包 com.example.ch2_38 中创建 SecondActivity 类，修改代码如下：

```java
package com.example.ch2_38;
import java.util.ArrayList;
import android.app.Activity;
import android.content.Intent;
import android.os.Bundle;
import android.widget.TextView;
public class SecondActivity extends Activity {
    protected void onCreate(Bundle savedInstanceState) {
        super.onCreate(savedInstanceState);
        setContentView(R.layout.activity_second);
        TextView tv=(TextView) findViewById(R.id.textShow);
        //获取启动第二个 Activity 的 Intent 对象
        Intent intent=getIntent();
        //从 Intent 对象中取出数据集合 Bundle 对象
        Bundle bundle=intent.getExtras();
        //根据键从 Bundle 对象中取出键-值对的值
        ArrayList<String> al=(ArrayList<String>) bundle.getSerializable
("arraylist");
        String str1=al.get(0);
        String str2=al.get(1);
        tv.setText(str1+str2);
    }
}
```

程序运行结果如图 2-63 所示。

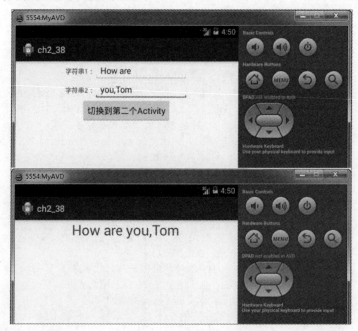

图 2-63   程序运行结果

3. 传递并返回数据

在实际应用中，经常需要返回某个 Activity 时，复原当初离开时的数据，即通过返回把结果带回来。例如，正在编辑短信时电话响了，必须去接电话，这时正在输入的短信应该暂时保存起来。电话处理完毕后，再返回发送短信的 Activity，并把离开时的内容复原。

【例 2-39】建立名为 ch2_39 的 Android 工程，包含两个 Activity。在 res\layout\目录下创建两个布局资源文件 activity_message.xml 和 activity_dial.xml，分别对应这两个 Activity。在 activity_message.xml 文件中定义了一个文本框 TextView、两个编辑框 EditText 和一个用于接听电话的图片按钮 ImageButton；在 activity_dial.xml 文件中定义了一个文本框 TextView 和一个用于挂断电话的图片按钮 ImageButton。两个 Activity 的 Java 代码分别存放在 MessageActivity 类及 DialActivity 类中。应注意，DialActivity 类必须在 AndroidManifest.xml 文件中进行注册，即为 <application…/>元素添加<activity android:name="com.example.ch2_39.DialActivity"/>子元素。

activity_message.xml 代码如下：

```xml
<?xml version="1.0" encoding="utf-8"?>
<LinearLayout
xmlns:android="http://schemas.android.com/apk/res/android"
    android:orientation="vertical"
    android:layout_width="fill_parent"
    android:layout_height="fill_parent"
    android:gravity="center_horizontal">
    <TextView android:layout_width="fill_parent"
        android:layout_height="wrap_content"
        android:text="编辑短信息"
        android:textSize="30sp"
        android:gravity="center_horizontal"/>
    <EditText android:id="@+id/editText1"
        android:layout_width="fill_parent"
        android:layout_height="wrap_content"
        android:textSize="20sp"/>
    <EditText android:id="@+id/editText2"
        android:layout_width="fill_parent"
        android:layout_height="wrap_content"
        android:inputType="textMultiLine"
        android:lines="3"
        android:textSize="20sp"/>
    <ImageButton android:id="@+id/button1"
        android:src="@drawable/up"
        android:layout_width="wrap_content"
        android:layout_height="wrap_content"
        android:background="#00000000"/>
</LinearLayout>
```

activity_dial.xml 代码如下：

```xml
<?xml version="1.0" encoding="utf-8"?>
<LinearLayout
xmlns:android="http://schemas.android.com/apk/res/android"
    android:orientation="vertical"
    android:layout_width="fill_parent"
    android:layout_height="fill_parent"
    android:gravity="center_horizontal">
    <TextView android:layout_width="fill_parent"
```

```
            android:layout_height="wrap_content"
            android:text="正在通话中..."
            android:textSize="30sp"
            android:gravity="center_horizontal"/>
    <ImageButton android:id="@+id/button1"
            android:src="@drawable/down"
            android:layout_width="wrap_content"
            android:layout_height="wrap_content"
            android:background="#00000000"/>
</LinearLayout>
```

打开 src 文件夹下的包 com.example.ch2_39 中的 MessageActivity 类，修改代码如下：

```
package com.example.ch2_39;
import android.os.Bundle;
import android.view.View;
import android.view.View.OnClickListener;
import android.widget.EditText;
import android.widget.ImageButton;
import android.app.Activity;
import android.content.Intent;
public class MessageActivity extends Activity {
    protected void onCreate(Bundle savedInstanceState) {
        super.onCreate(savedInstanceState);
        setContentView(R.layout.activity_message);
        ImageButton bn=(ImageButton) findViewById(R.id.button1);
        bn.setOnClickListener(new OnClickListener() {
            public void onClick(View arg0) {
                EditText et1=(EditText) findViewById(R.id.editText1);
                EditText et2=(EditText) findViewById(R.id.editText2);
                Intent intent=new Intent(MessageActivity.this,DialActivity.
class);
                Bundle bundle=new Bundle();
                //把电话号码存入 bundle 中
                bundle.putString("telno",et1.getText().toString());
                //把短信的内容存入 bundle 中
                bundle.putString("content",et2.getText().toString());
                //将 bundle 放入 intent 中
                intent.putExtras(bundle);
                //启动一个 Activity
                startActivityForResult(intent,0);
            }
        });
    }
    protected void onActivityResult(int requestCode,int resultCode,Intent
data) {
        Bundle bundle=data.getExtras();
        EditText et1=(EditText) findViewById(R.id.editText1);
        EditText et2=(EditText) findViewById(R.id.editText2);
        et1.setText(bundle.getString("telno"));
        et2.setText(bundle.getString("content"));
    }
}
```

在 src 文件夹下的包 com.example.ch2_39 中创建 DialActivity 类，修改代码如下：

```
package com.example.ch2_39;
import android.app.Activity;
import android.content.Intent;
import android.os.Bundle;
import android.view.View;
import android.view.View.OnClickListener;
import android.widget.ImageButton;
public class DialActivity extends Activity {
    protected void onCreate(Bundle savedInstanceState) {
        super.onCreate(savedInstanceState);
        setContentView(R.layout.activity_dial);
        ImageButton bn=(ImageButton) findViewById(R.id.button1);
        //挂断电话按钮的监听器
        bn.setOnClickListener(new OnClickListener() {
            public void onClick(View arg0) {
                //获取 intent
                Intent intent=getIntent();
                //设置要返回的 Activity 的 intent
                setResult(0,intent);
                //关闭当前的 Activity
                finish();
            }
        });
    }
}
```

程序运行结果如图 2-64 所示，点击接听电话按钮，跳转到处理电话的界面。电话接听完毕后，点击挂断电话的按钮，返回短信编辑界面，先前编辑的短信内容与离开时一样。

图 2-64　程序运行结果

2.5.4　Intent 的概念和属性

1．Intent 的概念

Android 应用可由 4 种应用程序组件组成，这 4 种组件是独立的，它们之间可以互相调用，协调工作。这些组件之间的通信主要是由 Intent 协助完成的。Intent 就像 Activity 之间的双面胶，字面意思是"意图、意向、目的"，基本上可以诠释这个对象的作用。Intent 负责对一次操作的动作及与动作相关的数据和附加数据进行描述。Android 根据 Intent 的描述，找到对应的应用程序组件，将 Intent 传递给被调用的组件，并完成组件的调用。因此，Intent 在这里起着外媒体中介的作用，专门提供组件互相调用的相关信息，实现调用与被调用者之间的解耦。也可以说，Intent 就像需求说明一样，说明当前的事件以及一些数据。接下来 Android 会依据这个说明，为其找到一个 Activity，并把这个 Intent 交给该 Activity。

2．Intent 的属性

Intent 是对执行某个操作的抽象描述，其描述的内容包括动作（Action）、数据（Data）、类别（Category）、附加信息（Extra）、组件（Component）、数据类型（Type）。

1）Component 属性

Component 属性用于指定 Intent 目标组件的类名称。通常 Android 会根据 Intent 中包含的其他属性信息，如 Action、Data/Type、Category 进行查找，最终找到一个与之匹配的目标组件。但是，如果 Component 这个属性有指定的话，将直接使用它指定的组件，而不再执行上述查找过程。没有指定 Component 属性的间接 Intent 需要包含足够的信息，这样 Android 系统才能根据这些信息，在所有可用的组件中确定满足此 Intent 的组件。对于指定了 Component 属性的直接 Intent，Android 系统不需要去做解析，因为目标组件已经很明确。可通过 Intent 对象的 setComponent()方法、setClass()方法或 setClassName()方法设置 Component 属性，形式如下：（假设工程名为 ch2，包含了两个 Activity，代码分别存放在 MainActivity 类及 Second 类中。）

（1）使用 setComponent()方法：

```
//创建 ComponentName 对象
ComponentName cn=new CompontentName(MainActivity.this,"com.ch2.Second");
Intent intent=new Intent();
//设置 Intent 的 component 属性
Intent.setComponent(cn);
startActivity(intent);
```

（2）使用 setClass()方法：

```
Intent intent=new Intent();
//设置 Intent 的 class 属性
Intent.setClass(MainActivity.this,com.ch2.Second.class);
startActivity(intent);
```

（3）使用 setClassName()方法：

```
Intent intent=new Intent();
//设置 Intent 的 classname 属性
Intent.setClass(MainActivity.this,"com.ch2.Second");
startActivity(intent);
```

2）Action 属性

Action 属性是描述执行动作的字符串，是对所将执行动作的描述。在 Intent 类中定义了一些字符串常量作为标准动作，例如：

```
public static final String ACTION_DIAL="android.intent.action.DIAL";
public static final String ACTION_SENDTO="android.intent.action.SENDTO";
```

此外，还可以自定义 Action，并定义相应的 Activity 来处理自定义的行为。自定义动作字符串应该以应用程序包名作为前缀，如"com.example.project.SHOW_COLOR"。

Intent 意图对象中的动作可以通过 setAction()方法设置，通过 getAction()方法读取。在 AndroidManifest.xml 文件中，意图过滤器元素可列举动作元素，例如：

```
<intent-filter>
    <action android:name="com.example.project.SHOW_CURRENT"/>
    <action android:name="com.example.project.SHOW_RECENT"/>
        ...
</intent-filter>
```

3）Data 属性

Data 属性是对执行动作所要操作的数据的描述，Android 中采用 URI 形式来表示数据。通过这个 URI，可以找到提供该 URI 的 ContentProvider 组件，并由 ContentProvider 提供数据，然后就可以操作这些数据。不同的动作对应不同种类的数据规格。例如，如果动作是 ACTION_EDIT，数据是可编辑文档的 URI；如果动作是 ACTION_CALL，数据是呼叫电话号码的 URI；如果动作是 ACTION_VIEW，数据是超文本传输协议（HTTP）的 URI。

setData()方法可指定数据的 URI，setType()方法可指定数据类型，而 setDataAndType()方法可同时指定数据的 URI 和类型。URI 通过 getData()方法读取，数据类型则通过 getType()方法读取。在 AndroidManifest.xml 文件中，意图过滤器元素可列举数据元素，例如：

```
<intent-filter>
    <data android:type="video/mpeg" android:scheme="http…"/>
    <data android:type="audio/mpeg" android:scheme="http…"/>
        ...
</intent-filter>
```

4）Catagory 属性

Catagory 属性是被请求组件的额外描述信息，Intent 类中定义了一组字符串常量表示 Intent 的不同类别。例如：

```
public static final String CATEGORY_LAUNCHER="android.intent.category.
LAUNCHER";
public static final String CATEGORY_PREFERENCE="android.intent.category.
PREFERENCE";
```

其中，CATEGORY_LAUNCHER 表示 Intent 接受者应该在 Launcher 中作为顶级应用出现；CATEGORY_PREFERENCE 表示 Intent 接受者的目标活动是一个选择面板。

在 AndroidManifest.xml 文件中，意图过滤器元素可列举 catagory 元素，例如：

```
<intent-filter>
    <category android:name="android.intent.category.LAUNCHER"/>
    <category android:name="android.intent.category.PREFERENCE "/>
        ...
</intent-filter>
```

5）Type 属性

Type 属性显式指定 Intent 的数据类型。一般 Intent 的数据类型能够根据数据本身进行判定，但也可通过设置这个属性，强制采用指定的类型而不再推导。

6）Extra 属性

Extra 属性是所有附加信息的集合，使用它可以为组件提供扩展信息。比如，执行"发送电子邮件"这个动作，可以将电子邮件的标题、正文等保存在 Extra 中，传给电子邮件的接收组件。Intent 中的附加信息为键–值对，就像一些动作伴随着特定的数据 URI 一样，一些动作则伴随着特定的附加信息。例如，ACTION_TIMEZONE_CHANGED 意图有一个"时区"键–值对用来区别新的时区；ACTION_HEADSET_PLUG 有一个"状态"键–值对表明有没有插着耳机，以及一个"名字"键–值对来表明耳机的类型。Intent 对象可通过一系列的 put...()方法来插入各种不同的附加数据，也可通过一系列的 get...()方法来读取数据，这些方法与 Bundle 对象的方法相似。事实上，Extra 属性的值就是 Bundle 对象，所有附加信息可以被当作一个 Bundle 通过 putExtras()方法和 getExtras()方法整体完成插入和读取。

思考与练习

1. 简述 Android 的系统架构。
2. Android 有哪些文件类型？
3. 画图说明 Android 中 UI 类间的关系。
4. 简述 Android 事件处理机制。
5. 简述 Android 中提示框的使用方法。
6. 编写 Android 程序并在模拟器上运行测试，要求为：

（1）界面设计：屏幕中心（上下和左右）有一按钮，显示文本为"触发单击事件"。

（2）代码编写：按下按钮，弹出信息框，显示文本为"欢迎使用 Android 系统"。

单元③

→ 通信模块数据配置

【学习目标】
- 了解智能终端内通信模块的组成。
- 掌握 ZigBee 通信节点的组网条件。
- 熟悉智能终端内各通信模块的配置指令，掌握配置步骤。
- 熟悉各种无线通信节点的数据配置指令，掌握配置步骤。
- 熟悉串口调试工具的使用方法。

任务 3.1　智能终端的配置

智能终端内共有 ZigBee、蓝牙、RF315M/433M、CAN、RS-485 五类通信模块，在使用之前需要进行各自的配置。

3.1.1　智能终端中的 ZigBee 模块

1．ZigBee 组网的条件

（1）一个 ZigBee 网络必须具有一个唯一的协调器，至少有一个路由器。

（2）组网的各模块具有相同的 CHANNEL。

（3）组网的各模块具有相同的 PAN_ID。

2．相关指令

1）查询 ZigBee 模块的 PAN_ID

方向：智能终端→ZigBee 模块。

指令：AT+R_AA_Z_PAN_ID<CR>。

返回：AT+AA_Z_PAN_ID=D<CR>。

//D：PAN_ID 值，十六进制数据（FFFE 表示当前 ZigBee 模块没有加入网络）。

2）设置 ZigBee 模块的 PAN_ID

方向：智能终端→ZigBee 模块。

指令：AT+AA_Z_PAN_ID=D<CR>。

//D：PAN_ID 值，十六进制数据，范围 0001～FFF0。

返回：<LF>OK<LF>或<LF>ERROR<LF>。

3）查询 ZigBee 模块的 CHANNEL

方向：智能终端→ZigBee 模块。

指令：AT+R_AA_Z_CHANNEL<CR>。

返回：AT+AA_Z_CHANNEL=N<CR>。

//N：信道号，取值 11～26，对应为 11～26 信道。

4）设置 ZigBee 模块的 CHANNEL

方向：智能终端→ZigBee 模块。

指令：AT+AA_Z_CHANNEL=N<CR>。

//N：信道号，取值 11～26，对应为 11～26 信道。

返回：<LF>OK<LF>或者<LF>ERROR<LF>。

5）查询 ZigBee 模块的类型

方向：智能终端→ZigBee 模块。

指令：AT+R_AA_Z_NODE<CR>。

返回：AT+AA_Z_NODE=M<CR>。

//M：节点类型，取值为 C（协调器）、R（路由器）。

6）设置 ZigBee 模块的类型

方向：智能终端→ZigBee 模块。

指令：AT+AA_Z_NODE=M<CR>。

//M：节点类型，取值为 C（协调器）、R（路由器）。

返回：<LF>OK<LF>或<LF>ERROR<LF>。

7）控制 ZigBee 模块发送数据

方向：智能终端→ZigBee 模块。

指令：AT+AA_Z_TX_DT=Zxxxx,M,DATA<CR>。

//Zxxxx：串口 ZigBee 模块地址，五位 ASCII 字符，第一位为设备类型区别码，取值为 A（智能终端）、B（蓝牙无线通信节点）、C（433 MHz 无线通信节点）、Z（ZigBee 无线通信节点）；后四位取值为 0-9、a～z、A～Z（xxxx=0000 时为广播地址）。

//M：DATA 格式指示，取值为 0（二进制形式）、1（文本形式，指示 DATA 后面包含\r\n）、2（文本形式，指示 DATA 后面包含\n\r）、3（文本形式，指示 DATA 后面包含\r）、4（文本形式，指示 DATA 后面包含\n）、5（文本形式，指示 DATA 后无数据）。

//DATA：数据内容，需要根据 M 的值编码数据。

返回：<LF>OK<LF>或<LF>ERROR<LF>。

8）接收来自串口 ZigBee 模块的数据

方向：串口 ZigBee 模块→智能终端

指令：AT_AA_Z_RX_DT=Zxxxx,M,DATA<CR>。

//Zxxxx：无线板地址，五位 ASCII 字符，第一位为设备类型区别码，取值为 A（智能终端）、B（蓝牙无线通信节点）、C（433 MHz 无线通信节点）、Z（ZigBee 无线通信节点）；后四位取值为 0-9、a～z、A～Z（xxxx=0000 时为广播地址）。

//M：DATA 格式指示，取值为 0（二进制形式）、1（文本形式，指示 DATA 后面包含\r\n）、2（文本形式，指示 DATA 后面包含\n\r）、3（文本形式，指示 DATA 后面包含\r）、4（文本形式，指示 DATA 后面包含\n）、5（文本形式，指示 DATA 后无数据）。

//DATA：数据内容，需要根据 M 的值编码数据。

3.1.2 智能终端中的蓝牙模块

1. 建立 UART 数据传输基本步骤

通用异步收发器（Universal Asynchronous Receiver/Transmitter，UART）是一种异步收发传输器，是计算机硬件的一部分。它将要传输的资料在串行通信与并行通信之间加以转换。作为把并行输入信号转成串行输出信号的芯片，UART 通常被集成于其他通信接口的连接上。

蓝牙数传模块的基本任务是替代串口线缆，进行数据通信。下面以两个串口蓝牙数传模块配合使用为例说明如何建立数据连接。

进入参数状态，分别设置一个模块作为主设备，另一个作为从设备，确保两者的密码一致，并配置好模块的串口参数。切换回数据状态，片刻之后，主设备会搜索到从设备，并且与之匹配连接，模块的连接指示引脚变为高电平。

此时，用户设备可以通过模块的 UART 口收发数据。

2. 相关指令

1）查询蓝牙数传模块名称

方向：智能终端→蓝牙数传模块。

指令：AT+AA_B_NAME?<CR>。

返回：AT+AA_B_NAME=name<CR>。

//name：蓝牙模块的名称，取值为 ASCII 字符，长度不大于 16。

2）设置蓝牙数传模块名称

方向：智能终端→蓝牙数传模块。

指令：AT+AA_B_CHANGE_NAME=name<CR>。

//name：蓝牙模块的名称，取值为 ASCII 字符，长度不大于 16。

返回：<LF>OK<LF>或<LF>ERROR<LF>。

3）设置蓝牙数传模块工作状态

方向：智能终端→蓝牙数传模块。

指令：AT+AA_B_LINK?<CR>。

返回：AT+AA_B_LINK=M<CR>。

M=0：未连接，M=1：已连接。

4）查询蓝牙数传模块连接密码（默认：1234）

方向：智能终端→蓝牙数传模块。

指令：AT+AA_B_PASSWORD?<CR>。

返回：AT+AB_B_PASSWORD=password<CR>。

//password：密码，取值为 ASCII 字符，不大于 6 字节。

5）设置蓝牙数传模块连接密码

方向：智能终端→蓝牙数传模块。

指令：AT+AA_B_SET_PASSWORD=password<CR>。

//password：密码，取值为 ASCII 字符，不大于 6 字节。

返回：<LF>OK<LF>或者<LF>ERROR<LF>。

6）查询蓝牙工作模式

方向：智能终端→蓝牙数传模块。

指令：AT+AA_B_ROLE?<CR>。

返回：AT+AA_B_ROLE=n<CR>。

//n：工作模式；0：从设备；1～6：最多可连接 n 个从设备的主设备。

7）设置蓝牙模块工作模式

方向：智能终端→蓝牙数传模块。

指令：AT+AA_B_SET_ROLE=n<CR>。

//n：工作模式；0：从设备；1～6：最多可连接 n 个从设备的主设备。

返回：<LF>OK<LF>或者<LF>ERROR<LF>。

8）查询蓝牙数传模块是否鉴权

方向：智能终端→蓝牙数传模块。

指令：AT+AA_B_AUTH?<CR>。

返回：AT+AA_B_AUTH=enable<CR>。

//enable：取值为 0（不鉴权）、1（鉴权）。

9）设置蓝牙数传模块是否鉴权

方向：智能终端→蓝牙数传模块。

指令：AT+AA_B_SET_AUTH=enable<CR>。

//enable：取值为 0（不鉴权）、1（鉴权）。

返回：<LF>OK<LF>或<LF>ERROR<LF>。

10）查询蓝牙数传模块是否绑定

方向：智能终端→蓝牙数传模块。

指令：AT+AA_B_BIND?<CR>。

返回：AT+AA_B_BIND=enable<CR>。

//enable：取值为 0（不绑定地址）、1（绑定地址）。

11）设置蓝牙数传模块是否绑定

方向：智能终端→蓝牙数传模块。

指令：AT+AA_B_SET_BIND=enable<CR>。

//enable：取值为 0（不绑定地址）、1（绑定地址）。

返回：<LF>OK<LF>或<LF>ERROR<LF>。

说明：绑定地址时，对于从设备，如果已经记忆地址，则不准被查询和配对，只能被它记忆的设备连接。对于主设备板，如果已经记忆地址，则一直试着连接它记忆的设备；所以当绑定地址时，一旦设备记忆了地址，则连接只能在它与它记忆的设备之间建立，而不会与其他设备建立连接。所以，在绑定地址时如果希望与其他设备建立连接，则必须清除记忆的地址；不绑定地址时，从设备可以被查询和配对。主设备板连接记忆设备一定的次数失败后，主设备板自动清除记忆的地址，并开始重新查询和配对新的设备。所以，如果希望连接固定的设备，最好绑定地址。

12）清除蓝牙数传模块所有记录的远端蓝牙设备地址

方向：智能终端→蓝牙数传模块。

任务 3.2 无线通信节点的配置

3.2.1 ZigBee 无线通信节点

1. ZigBee 组网的条件

（1）一个 ZigBee 网络必须具有一个唯一的协调器，至少有一个路由器。

（2）组网的各模块具有相同的 CHANNEL。

（3）组网的各模块具有相同的 PAN_ID。

2. 相关指令

1）查询 ZigBee 通信节点的 PAN_ID

方向：PC→ZigBee 通信节点。

指令：AT+R_AZ_Z_PAN_ID<CR>。

返回：AT+AZ_Z_PAN_ID=D<CR>。

//D：PAN_ID 值，十六进制数据（"FFFE"表示当前 ZigBee 通信节点没有加入网络，"199B"为出厂默认的 PANIN 数值）。

2）设置 ZigBee 通信节点的 PAN_ID

方向：PC→ZigBee 通信节点。

指令：AT+AZ_Z_PAN_ID=D<CR>。

//D：PANID 值，取值为十六进制数据，范围为 0001～FFF0。

返回：<LF>OK<LF>或<LF>ERROR<LF>。

3）查询 ZigBee 通信节点的 CHANNEL

方向：PC→ZigBee 通信节点。

指令：AT+R_AZ_Z_CHANNEL<CR>。

返回：AT+AZ_Z_CHANNEL=N<CR>。

//N：信道号，取值为 11～26，对应为 11～26 信道。

4）设置 ZigBee 通信节点的 CHANNEL

方向：PC→ZigBee 通信节点。

指令：AT+AZ_Z_CHANNEL=N<CR>。

//N：信道号，取值为 11～26，对应为 11～26 信道。

返回：<LF>OK<LF>或者<LF>ERROR<LF>。

5）查询 ZigBee 通信节点的工作模式

方向：PC→ZigBee 通信节点。

指令：AT+AZ_BASE_WORKMODE=1<CR>。

返回：AT+AZ_BASE_WORKMODE=1,mode<CR>。

mode：模式指示，取值为 0（透传模式——TEXT[文本]形式）、1（透传模式——二进制形式）、2（非透传模式——协调器必在该模式下）、3（LED 工作模式和 LED 点阵屏相连）、4（LED 工作模式和 PC 相连）。

6）设置 ZigBee 通信节点的工作模式

方向：PC→ZigBee 通信节点。

指令：AT+AZ_BASE_WORKMODE=0,mode<CR>。

mode：模式指示，取值为 0（透传模式——TEXT[文本]形式）、1（透传模式——二进制形式）、2（非透传模式——协调器必在该模式下）、3（LED 工作模式和 LED 点阵屏连接）、4（LED 工作模式和 PC 连接，重启后无效）。

返回：<LF>OK<LF>或<LF>ERROR<LF>。

说明：透传模式不能进行通信节点的配置，发送的数据中包含有自身的地址。注意，只有配置为路由器的通信节点才能进入该模式；非透传模式通信节点的串口和配置用的 PC 串口相连，可以进行通信节点的配置。

7）查询 ZigBee 通信节点的 IO 电平

方向：PC→ZigBee 通信节点。

指令：AT+R_AZ_BASE_IO<CR>。

返回：AT+AZ_BASE_IO=N<CR>。

//N：电平值，取值为 0 或 1。

若 PC 连接到作为协调器的 ZigBee 通信节点，要查询 ZigBee 网络内的路由器通信节点 IO 电平，可发送指令"AT+AZ_Z_TX_DT=Zxxxx,5,AT+R_AZ_Z_IO<CR>"。

//Zxxxx：硬件地址，五位 ASCII，第一位为设备类型区别码，取值为 A（智能终端）、B（蓝牙无线通信节点）、C（433MHz 无线通信节点）、Z（ZigBee 无线通信节点）；后四位取值为 0～9、a～z、A～Z（xxxx=0000 时为广播地址）。

返回：<LF>OK<LF>AT+AZ_Z_RX_DT=Zxxxx,5, N<CR>。

//Zxxxx：硬件地址，五位 ASCII，第一位为设备类型区别码，取值为 A（智能终端）、B（蓝牙无线通信节点）、C（433 MHz 无线通信节点）、Z（ZigBee 通信节点）；后四位取值为 0～9、a～z、A～Z（xxxx=0000 时为广播地址）。

//N：电平值，取值为 0 或 1。

说明：采用广播方式发送时将导致作为协调器的 ZigBee 无线通信节点接收数据受到阻塞，收到的数据可能会不完整。所以通常情况下，指定所要查询作为路由器的 ZigBee 通信节点的地址。

8）查询 ZigBe 通信节点的 NETAD（网内地址）

方向：PC→ZigBee 通信节点。

指令：AT+R_AZ_Z_NET_AD<CR>。

返回：AT+AZ_Z_NET_AD=D<CR>。

//D：加入网络后的网内地址，取值为 4 位十六进制的数据，"FFFE"表示没有加入任何网络，协调器的网内地址永远是"0000"。

9）查询 ZigBee 通信节点的类型

方向：PC→ZigBee 通信节点。

指令：AT+R_AZ_Z_NODE<CR>。

返回：AT+AZ_Z_NODE=M<CR>。

//M：节点类型，M 的值为"C"表示该通信节点为协调器，M 的值"R"表示该通信节点为路由器。

10）设置 ZigBee 通信节点的类型

方向：PC→ZigBee 通信节点。

指令：AT+AZ_Z_NODE=M<CR>。

//M：节点类型，M 的值为 "C" 表示该通信节点为协调器，M 的值 "R" 表示该通信节点为路由器。

返回：<LF>OK<LF>或<LF>ERROR<LF>。

11）控制一个 ZigBee 通信节点或者智能终端往其他的 ZigBee 无线通信节点发送数据

方向：PC 上连接的 ZigBee 或智能终端→ZigBee 通信节点。

指令：AT+AZ_Z_TX_DT=Zxxxx,M,DATA<CR>。

//Zxxxx：接收数据 DATA 的 ZigBee 通信节点的物理地址，共五位 ASCII 码，第一位为设备类型区别码，取值为 A（智能终端）、B（蓝牙无线通信节点）、C（433 MHz 无线通信节点）、Z（ZigBee 通信节点）；后四位取值：0～9、a～z、A～Z（xxxx=0000 时为广播地址）。

//M：DATA 格式指示，取值为 0（二进制形式）、1（文本形式，指示 DATA 后面包含\r\n）、2（文本形式，指示 DATA 后面包含\n\r）、3（文本形式，指示 DATA 后面包含\r）、4（文本形式，指示 DATA 后面包含\n）、5（文本形式，指示 DATA 后无数据）、6（二进制形式，发送到 RS-485 设备上）。

//DATA：数据内容，需要根据 M 的值编码数据。

返回：<LF>OK<LF>或<LF>ERROR<LF>。

说明：DATA 格式指示 M 的值的含义如下。

0：地址为 Zxxxx 的 ZigBee 无线通信节点将 DATA 数据以二进制的格式发送到与之连接的串口设备上。串口速率及格式与 ZigBee 无线通信节点的工作模式有关（设置 ZigBee 通信节点的工作模式除 WORKMODE 为 3 的情况外，其余工作模式默认的串口速率为 19 200 bit/s）。

1：地址为 Zxxxx 的 ZigBee 无线通信节点将 DATA 数据以文本格式发送到与之连接的串口设备上，文本内容后面加上 "\r\n" 字符。串口速率及格式与 ZigBee 无线通信节点的工作模式有关。

2：地址为 Zxxxx 的 ZigBee 无线通信节点将 DATA 数据以文本格式发送到与之连接的串口设备上，文本内容后面加上 "\n\r" 字符。串口速率及格式与 ZigBee 无线通信节点的工作模式有关。

3：地址为 Zxxxx 的 ZigBee 无线通信节点将 DATA 数据以文本格式发送到与之连接的串口设备上，文本内容后面加上 "\r" 字符。串口速率及格式与 ZigBee 无线通信节点的工作模式有关。

4：地址为 Zxxxx 的 ZigBee 无线通信节点将 DATA 数据以文本格式发送到与之连接的串口设备上，文本内容后面加上 "\n" 字符。串口速率及格式与 ZigBee 无线通信节点的工作模式有关。

5：地址为 Zxxxx 的 ZigBee 无线通信节点将 DATA 数据以文本格式发送到与之连接的串口设备上，文本内容后面没有任何字符。串口速率及格式与 ZigBee 无线通信节点的工作模式有关。

6：地址为 Zxxxx 的 ZigBee 无线通信节点将 DATA 数据以二进制的格式发送到与之连接的 RS-485 设备上。RS-485 通信速率为 9 600 bit/s、8 个数据位、无奇偶校验、无流控、1 位停止位。

例如，假定要接收和处理数据的 ZigBee 节点物理地址为 Z1234：

M=0 时（二进制形式），要发送的数据为"0x12,0x16,0xAB,0xFF"，则指令为"AT+AZ_Z_TX_DT=Z1234,0,1216ABFF<CR>"。如果接收方路由器工作在透传模式下，将通过 ZigBee 通信节点（Z1234）的串口发出数据"0x12,0x16,0xAB,0xFF"；如果接收方路由器工作在非透传模式下，将通过 ZigBee 通信节点的串口发出数据"AT+AZ_Z_RX_DT=Z1234,0,1216ABFF<CR>"。

M=1 时（文本形式，指示 DATA 后面包含\r\n），要发送的数据为"AT+NAME?\r\n"，则指令为"AT+AZ_Z_TX_DT=Z1234,1,AT+NAME?<CR>"。如果接收方路由器工作在透传模式下，将通过 ZigBee 通信节点的串口发出数据"AT+NAME?<CR><LF>"，其中<CR><LF>回车换行符号对应的 ASCII 码为"\r"和"\n"；如果接收方路由器工作在非透传模式下，将通过 ZigBee 无线通信节点的串口发出数据"AT+AZ_Z_RX_DT=Z1234,1, AT+NAME?<CR>"。

M=5 时（文本形式，指示 DATA 后无数据），要发送的数据为"AT+NAME?"，则指令为"AT+AZ_Z_TX_DT=Z1234,5,AT+NAME?<CR>"。如果接收方路由器工作在透传模式下，将通过 ZigBee 通信节点的串口发出数据"AT+NAME?"；如果接收方路由器工作在非透传模式下，将通过 ZigBee 通信节点的串口发出数据"AT+AZ_Z_RX_DT=Z1234,5, AT+NAME?<CR>"。

12）接收来自 ZigBee 无线通信节点的数据

方向：ZigBee 通信节点→PC 或设备。

指令：AT_AZ_Z_RX_DT=Zxxxx,M,DATA<CR>。

//Zxxxx：无线板地址，五位 ASCII 字符，第一位为设备类型区别码，取值为 A（智能终端）、B（蓝牙无线通信节点）、C（433 MHz 无线通信节点）、Z（ZigBee 通信节点）；后四位取值为 0~9、a~z、A~Z（xxxx=0000 时为广播地址）。

//M：DATA 格式指示，取值为 0（二进制形式）、1（文本形式，指示 DATA 后面包含 \r\n）、2（文本形式，指示 DATA 后面包含\n\r）、3（文本形式，指示 DATA 后面包含\r）、4（文本形式，指示 DATA 后面包含\n）、5（文本形式，指示 DATA 后无数据）、6（二进制形式，发送到 RS-485 设备上）。

//DATA：数据内容，需要根据 M 的值编码数据。

返回：<LF>OK<LF>或<LF>ERROR<LF>。

13）查询 ZigBee 无线通信节点的硬件地址

方向：PC→ZigBee 通信节点。

指令：AT+AZ_BASE_ADDRESS=1 <CR>。

返回：AT+AZ_BASE_ADDRESS=1,Zxxxx<CR>。

//Zxxxx：硬件地址，五位 ASCII 字符，第一位为设备类型区别码，取值为 A（智能终端）、B（蓝牙无线通信节点）、C（433 MHz 无线通信节点）、Z（ZigBee 通信节点）；后四位取值为 0~9、a~z、A~Z（xxxx=0000 时为广播地址）。

14）设置 ZigBee 无线通信节点的 IO 状态是否主动上报

指令：AT+AZ_BASE_REPORTED=0,Mode<CR>。

返回：<LF>OK<LF>或<LF>ERROR<LF>。

//Mode：是否上报，取值为 Y 或 N。

说明：设置为主动上报时，当 IO 电平从低电平变为高电平时，路由器会主动向 ZigBee 网络的协调器循环发送数据"Zxxxx,5,1"；从高电平变为低电平时，路由器主动向协调器仅发送一次数据"Zxxxx,5,0"。其中 Zxxxx 为正在接收设置的 ZigBee 通信节点的硬件地址。

15）查询 ZigBee 通信节点的 IO 状态是否主动上报

指令：AT+AZ_BASE_REPORTED=1<CR>。

返回：AT+AZ_BASE_REPORTED=1,Mode<CR>。

//Mode：是否上报，取值为 Y 或 N。

16）配置 RS-485 基本参数

方向：PC→ZigBee 通信节点。

指令：AT+AZ_485_SET=N,B,D,P,S,F<CR>（N 固定为 1）。

//N：RS485 编号，取值为 1。

//B：波特率，取值为 1（2400）、2（4800）、3（9600）、4（19200）、5（38400）。

//D：数据位，取值为 8 或 9。

//P：奇偶校验位，取值为 0、1、2，分别对应无、奇、偶。

//S：停止位，取值为 2、3、4，分别对应 1、1.5、2。

//F：流控制，取值为 0（无）。

返回：<LF>OK<LF>或<LF>ERROR<LF>。

例如，AT+AZ_485_SET=1,3,8,0,2,0<CR>。该 RS-485 工作模式为"波特率 9600、无奇偶校验、1 位停止位、无流控"。

17）发送 DATA 数据给本地 RS-485

方向：PC->ZigBee 通信节点。

指令：AT+AZ_485_TX_DT=DATA<CR>。

//DATA：要发送的数据。发送数据为"0x11 0xAA 0xAF 0x00"，则指令为"AT+AZ_485_TX_DT=11AAAF00<CR>"。

返回：<LF>OK<LF>或<LF>ERROR<LF>。

18）协调器发送数据给指定地址的 ZigBee 通信节点上的 RS-485

方向：PC→协调器→指定地址的 ZigBee 通信节点上的 RS-485。

指令：AT+AZ_Z_TX_DT=Zxxxx,6,DATA<CR>。

//DATA 要发送的数据。发送数据为"0x11 0xAA 0xAF 0x00，则指令为"AT+AZ_Z_TX_DT=Zxxxx,6,11AAAF00<CR>"。

返回：<LF>OK<LF>或<LF>ERROR<LF>。

19）RS-485 接收数据

方向：数据方向与 ZigBee 无线通信节点上的工作模块有关

（1）工作在协调器下，数据方向为 ZigBee 无线通信节点→PC。

（2）工作在路由器下，数据方向为 ZigBee 无线通信节点→协调器。

指令：AT+AZ_485_RX_DT=DATA<CR>。

说明：若 ZigBee 通信节点工作在路由器模式下，则向协调器发送数据"Zxxxx,6,DATA"；若 ZigBee 通信节点工作在协调器模式下，则向串口发送数据"AT+AZ_485_RX_DT=DATA<CR>"。

3. 使用流程

（1）通过串口线把 ZigBee 通信节点连接到 PC，接上电源线。

（2）打开 PC 上的串口工具设置串口参数为 19 200 bit/s，8 位数据位，无奇偶校验位，1 位停止位。

（3）设置 ZigBee 通信节点的工作模式为非透传模式。

```
AT+AZ_BASE_WORKMODE=0,2<CR>
```

（4）设置 ZigBee 通信节点的 CHANNEL，CHANNEL 默认为 15，一个网络内的 CHANNEL 要一致。

```
AT+AZ_Z_CHANNEL=15<CR>
```

（5）根据需要设置 ZigBee 通信节点的类型为协调器还是为路由器。

```
AT+AZ_Z_NODE=R<CR>
```

（6）设置 ZigBee 通信节点的 PAN_ID。

```
AT+AZ_Z_PAN_ID=001A<CR>
```

（7）设置 ZigBee 通信节点的 IO 状态是否主动上报，默认为不主动上报。

```
AT+AZ_BASE_REPORTED=0,N<CR>
```

（8）根据需要设置 RS-485 的参数，默认不设置 RS-485。

```
AT+AZ_485_SET=1,3,8,0,2,0<CR>
```

（9）根据需要设置 ZigBee 通信节点的工作模式。

4. 应用举例

一个 ZigBee 通信节点作为协调器，另一个 ZigBee 通信节点作为路由器，路由器的 ZigBee 通信节点上连接门磁设备。门磁的接法为门磁断开时开关断开，门磁吸合时开关接通。门磁上的两根线分别连接到路由器的 GND 和 IN 端子上。当门磁断开时路由器向协调器周期发送数据"Zxxxx,5,1"。

（1）配置作为协调器的 ZigBee 通信节点。

```
AT+AZ_BASE_WORKMODE=0,2<CR>
AT+AZ_Z_CHANNEL=15<CR>
AT+AZ_Z_NODE=C<CR>
AT+AZ_Z_PAN_ID=102A<CR>
AT+AZ_BASE_REPORTED=0,N<CR>
AT+AZ_BASE_WORKMODE=0,2<CR>
```

（2）配置作为路由器的 ZigBee 通信节点。

```
AT+AZ_BASE_WORKMODE=0,2<CR>
AT+AZ_Z_CHANNEL=15<CR>
AT+AZ_Z_NODE=R<CR>
AT+AZ_Z_PAN_ID=102A<CR>
AT+AZ_BASE_REPORTED=0,Y<CR>
AT+AZ_BASE_WORKMODE=0,2<CR>
```

（3）把门磁接在路由器的 ZigBee 通信节点上，当门磁断开时协调器会周期性通过串口发送数据"AT+AZ_Z_RX_DT=Zxxxx,5,1<CR>"。当门磁从断开状态切换到吸合状态时协调器会通过串口发送一次数据"AT+AZ_Z_RX_DT=Zxxxx,5,1<CR>"，其中 Zxxxx 为路由器的硬件地址。

3.2.2　蓝牙无线通信节点

蓝牙（Bluetooth）无线通信节点内嵌有蓝牙数传模块，可以通过数传模块建立蓝牙数据传输。

1. 建立蓝牙数据传输基本步骤

蓝牙数传模块的基本任务是替代串口线缆进行数据通信。下面以两个蓝牙数传模块配合使用为例说明如何建立数据连接。

进入参数状态，分别设置一个模块作为主设备，另一个作为从设备，确保两者的匹配码（密码）一致，并配置好模块的串口参数。切换回数据状态，片刻之后，主设备会搜索到从设备，并且与之匹配连接，模块的连接指示引脚变为高电平。

此时，用户设备可以通过蓝牙模块通信。

2. 两个模块无法连接处理方法

（1）使用查询指令确认两个设备是否一个设置为主设备，另一个设置为从设备；两个模块设置的密码是否相同、类别码是否相同，如果不相同应该修改为相同值。

（2）主设备是否记忆了其他模块的地址，如果记忆了其他模块的地址则将其清除；查看周围是否有其他蓝牙设备，如果有暂时将其关闭。

（3）模块是否设置了绑定地址选项并且与其他设备连接过，如果是首先清除匹配设置的地址。因为对于从设备，如果已经记忆地址，则不会被查询和配对，只能与记忆了它的设备连接；对于主设备，如果已经记忆地址，则会一直尝试连接它已记忆的设备。

3. 相关指令

1）查询蓝牙数传模块的工作模式

方向：PC→蓝牙数传模块。

指令：AT+AB_BASE_WORKMODE=1<CR>。

返回：AT+AB_BASE_WORKMODE=1,mode<CR>。

//mode：模式指示，取值为 0（透传模式——TEXT[文本]形式）、1（透传模式——二进制形式）、2（非透传模式——主设备板必在该模式下）。

2）设置蓝牙数传模块的工作模式

方向：PC→蓝牙数传模块。

指令：AT+AB_BASE_WORKMODE=0,mode<CR>。

//mode：模式指示，取值为 0（透传模式--TEXT[文本]形式）、1（透传模式--二进制形式）、2（非透传模式：主设备板必在该模式下）。

返回：<LF>OK<LF>或<LF>ERROR<LF>。

说明：透传模式不能进行设备板的配置，发送数据中包含有自身地址，只有从设备能进入该模式；非透传模式通信节点的串口与 PC 串口相连，默认主设备板工作在该模式下。

3）查询蓝牙数传模块的 IO 电平

方向：PC→蓝牙数传模块。

指令：AT+R_AB_BASE_IO<CR>。

返回：AT+AB_BASE_IO=N<CR>。

//N：电平值，取值为 0 或 1。

当 PC 连接的为主设备板且要查询已连接的从设备板的 IO 电平时，需要发送指令"AT+AB_B_TX_DT=Bxxxx,5,AT+R_AB_BASE_IO<CR>"。

//Bxxxx：硬件地址，五位 ASCII 字符，第一位为设备类型区别码，取值为 A（智能终端）、B（蓝牙数传模块）、C（433 MHz 无线通信节点）、Z（ZigBee 通信节点）；后四位取值为 0～9、a～z、A～Z（xxxx=0000 时为广播地址）。

返回：<LF>OK<LF>AT+AB_B_RX_DT=Bxxxx, 5, N<CR>。

//Bxxxx：硬件地址，五位 ASCII 字符，第一位为设备类型区别码，取值为 A（智能终端）、B（蓝牙数传模块）、C（433 MHz 无线通信节点）、Z（ZigBee 通信节点）；后四位取值为 0～9、a～z、A～Z（xxxx=0000 时为广播地址）。

//N：电平值，取值为 0 或 1。

说明：此指令广播发送时将导致主设备板接收数据受到阻塞，收到的数据将不完整，所以通常情况下指定所要查询的从设备板地址。

4）查询蓝牙数传模块的工作模式及最大连接数

方向：PC→蓝牙数传模块。

指令：AT+AB_B_TYPE?<CR>。

返回：AT+B_TYPE=n<CR>。

//n：工作模式；0：从机模式；1～7：最多可连接 7 个从设备的主设备。

5）设置蓝牙数传模块的工作模式及最大连接数

方向：PC→蓝牙数传模块。

指令：AT+AB_B_SET_TYPE=n<CR>。

//n：模式指示；0：从机模式；1～7：最多可连接 7 个从设备的主设备。

返回：<LF>OK<LF>或<LF>ERROR<LF>。

6）查询蓝牙数传模块名称

方向：PC→蓝牙数传模块。

指令：AT+AB_B_NAME?<CR>。

返回：AT+AB_B_NAME=name<CR>。

//name：蓝牙模块的名称，取值为 ASCII 字符，长度不大于 16。

7）设置蓝牙数传模块名称

方向：PC→蓝牙数传模块。

指令：AT+AB_B_CHANGE_NAME=name<CR>。

//name：蓝牙模块的名称，取值为 ASCII 字符，长度不大于 16。

返回：<LF>OK<LF>或<LF>ERROR<LF>。

8）查询蓝牙数传模块地址

方向：PC→蓝牙数传模块。

指令：AT+AB_B_LADDR?<CR>。

返回：AT+AB_B_LADDR=addr<CR>。

//addr：6 个字节的地址，如 001B350A53CA。

9）查询蓝牙数传模块连接密码（默认为 1234）

方向：PC→蓝牙数传模块。

指令：AT+AB_B_PASSWORD?<CR>。

返回：AT+AB_B_PASSWORD=password<CR>。

//password：密码，取值为 ASCII 字符，不大于 6 字节。

10）设置蓝牙数传模块的连接密码

方向：PC→蓝牙数传模块。

指令：AT+AB_B_SET_PASSWORD=password<CR>。

//password：密码，取值为 ASCII 字符，不大于 6 字节。

返回：<LF>OK<LF>或者<LF>ERROR<LF>。

11）查询蓝牙数传模块是否鉴权

方向：PC→蓝牙数传模块

指令：AT+AB_B_AUTH?<CR>。

返回：AT+AB_B_AUTH=enable<CR>。

//enable：取值为 0（不鉴权）、1（鉴权）。

12）设置蓝牙数传模块是否鉴权

方向：PC→蓝牙数传模块。

指令：AT+AB_B_SET_AUTH=enable<CR>。

//enable：取值为 0（不鉴权）、1（鉴权）。

返回：<LF>OK<LF>或<LF>ERROR<LF>。

13）查询蓝牙数传模块是否绑定

方向：PC→蓝牙数传模块。

指令：AT+AB_B_BIND?<CR>。

返回：AT+AB_B_BIND=enable<CR>。

//enable：取值为 0（不绑定地址）、1（绑定地址）。

14）设置蓝牙数传模块是否绑定

方向：PC→蓝牙数传模块。

指令：AT_AB_B_SET_BIND=enable<CR>。

//enable：取值为 0（不绑定地址）、1（绑定地址）。

返回：<LF>OK<LF>或<LF>ERROR<LF>。

说明：绑定地址时，对于从设备，如果已经记忆地址，则不准被查询和配对，只能被它记忆的设备连接。对于主设备板，如果已经记忆地址，则一直试着连接它记忆的设备。一旦设备记忆了地址，则连接只能在它与它记忆的设备之间建立，而不会与其他设备建立连接。若在绑定地址时如果希望与其他设备建立连接，则必须清除已记忆的地址；不绑定地址时，从设备可以被查询和配对。主设备板连接记忆设备一定的次数失败后，自动清除记忆的地址，并开始重新查询和配对新的设备。所以，如果希望连接固定的设备，最好绑定地址。

15）查询蓝牙数传模块记录的远端蓝牙设备地址

方向：PC→蓝牙数传模块。

指令：AT+AB_B_RADDR?<CR>。

返回：AT+AB_B_RADDR=addr<CR>。

//addr：远端蓝牙设备地址，6 字节，如 001B350A53CA。

16）设置蓝牙数传模块记录的远端蓝牙设备地址

方向：PC→蓝牙数传模块。

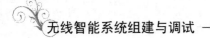

指令：AT+AB_B_SET_RADDR=addr<CR>。

//addr：远端蓝牙设备地址，6 字节十六进制，如 001B350A53CA。

返回：<LF>OK<LF>或<LF>ERROR<LF>。

说明：当使用此指令设置了对方的蓝牙地址，除非通过按键或者清除地址的指令清除地址，作为主设备的蓝牙模块将一直试图连接该地址直到成功。对于作为从设备的蓝牙模块，如果不绑定地址依然可以被其他主设备连接，如果绑定地址则可以通过该指令设置绑定的地址。

17）清除蓝牙数传模块所有记录的远端蓝牙设备地址

方向：PC→蓝牙数传模块。

指令：AT+AB_B_CLEAR_ALL_ADDR<CR>。

返回：<LF>OK<LF>或<LF>ERROR<LF>。

18）查询蓝牙数传模块连接状态

方向：PC→蓝牙数传模块。

指令：AT+AB_B_LINK?<CR>。

返回：AT+AB_B_LINK=enable<CR>。

//enable：连接状态指示，取值为 0（未连接）、1（已连接）。

19）复位蓝牙数传模块（恢复出厂设置）

方向：PC→蓝牙数传模块。

指令：AT+AB_B_SET_RST<CR>。

返回：<LF>OK<LF>或<LF>ERROR<LF>。

20）蓝牙数传模块发送数据

方向：PC 或设备→蓝牙数传模块。

指令：AT+AB_B_TX_DT=Bxxxx,M,DATA<CR>

//Bxxxx：无线板地址，五位 ASCII 字符，第一位为设备类型区别码，取值为 A（智能终端）、B（蓝牙无线通信节点）、C（433 MHz 无线通信节点）、Z（ZigBee 通信节点）；后四位取值为 0～9、a～z、A～Z（xxxx=0000 时为广播地址）。

//M：DATA 格式指示，取值为 0（二进制形式）、1（文本形式，指示 DATA 后面包含\r\n）、2（文本形式，指示 DAT 后面包含\n\r）、3（文本形式，指示 DATA 后面包含\r）、4（文本形式，指示 DATA 后面包含\n）、5（文本形式，指示 DATA 后无数据）、6（二进制形式，发送数据给指定硬件地址的 485 接口）。

//DATA：数据内容，需要根据 M 的值编码数据。

返回：<LF>OK<LF>或<LF>ERROR<LF>。

例如：

M=0 时（二进制形式），要发送的数据为"0x12,0x16,0xAB,0Xff"，则指令为"AT+AB_B_TX_DT=B1234,0,1216ABFF<CR>"。如果接收方从设备板工作在透传模式下，将通过蓝牙数传模块串口发出数据"0x12,0x16,0xAB,0Xff"；如果接收方从设备板工作在非透传模式下，将通过蓝牙数传模块串口发出数据"AT+AB_B_RX_DT=B1234, 0,1216ABFF<CR>"。

M=1 时（文本形式，指示 DATA 后面包含\r\n），要发送的数据为"AT+NAME?\r\n"，则指令为"AT+AB_B_TX_DT=B1234,1,AT+NAME?<CR>"。如果接收方从设备板工作在透传模式下，将通过蓝牙数传模块串口发出数据"AT+NAME?<CR><LF>"；如果接收方从设备板工作在非透传模式下，将通过蓝牙数传模块串口发出数据"AT+AB_B_RX_DT=B1234,1,AT+NAME?<CR>"。

M=5时（文本形式，指示DATA后无数据），要发送的数据为"AT+NAME?"，则指令为"AT+AB_B_TX_DT=B1234,5,AT+NAME?<CR>"；如果接收方从设备板工作在透传模式下，将通过蓝牙数传模块串口发出数据"AT+NAME?"；如果接收方从设备板工作在非透传模式下，将通过蓝牙数传模块串口发出数据"AT+AB_B_RX_DT=B1234,5,AT+NAME?<CR>"。

21）接收来自蓝牙数传模块的数据

方向：蓝牙数传模块→PC或设备。

指令：AT_AB_B_RX_DT=Bxxxx,M,DATA<CR>。

//Bxxxx：无线板地址，五位ASCII字符，第一位为设备类型区别码，取值为A（智能终端）、B（蓝牙无线通信节点）、C（433 MHz无线通信节点）、Z（ZigBee通信节点）；后四位取值为0~9、a~z、A~Z（xxxx=0000时为广播地址）。

//M：DATA格式指示，取值为0（二进制形式）、1（文本形式，指示DATA后面包含\r\n）、2（文本形式，指示DATA后面包含\n\r）、3（文本形式，指示DATA后面包含\r）、4（文本形式，指示DATA后面包含\n）、5（文本形式，指示DATA后无数据）、6（二进制形式，发送数据给指定硬件地址的485接口）。

//DATA：数据内容，需根据M的值编码数据。

返回：<LF>OK<LF>或<LF>ERROR<LF>。

22）查询串口蓝牙数传模块的硬件地址

方向：PC→串口蓝牙数传模块。

指令：AT+AB_BASE_ADDRESS=1 <CR>。

返回：AT+AB_BASE_ADDRESS=1, Bxxxx<CR>。

//Bxxxx：硬件地址，五位ASCII字符，第一位为设备类型区别码，取值为A（智能终端）、B（蓝牙无线通信节点）、C（433 MHz无线通信节点）、Z（ZigBee板）；后四位取值为0~9、a~z、A~Z（xxxx=0000时为广播地址）。

23）设置蓝牙数传模块的IO状态是否主动上报

指令：AT+AB_BASE_REPORTED=0,Mode<CR>。

返回：<LF>OK<LF>或<LF>ERROR<LF>。

//Mode：是否上报，取值为Y或N。

说明：设置为主动上报时，当IO电平从低电平变为高电平时，从设备会主动向主设备循环发送数据"Bxxxx,5,1"；从高电平变为低电平时从设备会主动向主设备发送一次数据"Bxxxx,5,0"，其中Bxxxx为正在进行配置的蓝牙无线通信节点的硬件地址。

24）查询蓝牙数传模块的IO状态是否主动上报

指令：AT+AB_BASE_REPORTED=1 <CR>。

返回：AT+AB_BASE_REPORTED=1,Mode<CR>。

//Mode：是否上报，取值为Y或N。

25）配置RS-485基本参数

方向：PC→蓝牙数传模块。

指令：AT+AB_485_SET=N,B,D,P,S,F<CR>（N 固定为 1）。

//N：RS-485 编号，取值为 1。

//B：波特率，取值为 1（2400）、2（4800）、3（9600）、4（19200）、5（38400）。

//D：数据位，取值为 8 或 9。

//P：奇偶校验位，取值为 0、1、2，分别对应无、奇、偶。

//S：停止位，取值为 2、3、4，分别对应 1、1.5、2。

//F：流控制，取值为 0（无）。

返回：<LF>OK<LF>或<LF>ERROR<LF>。

例如，AT+AB_485_SET=1,3,8,0,2,0<CR>。

26）发送数据给本地 RS-485

方向：PC→蓝牙数传模块。

指令：AT+AB_485_TX_DT=DATA<CR>。

//DATA：要发送的数据。发送数据为"0x11 0xAA 0xAF 0x00"，则指令为"AT+AB_485_TX_DT=11AAAF00<CR>"。

返回：<LF>OK<LF>或<LF>ERROR<LF>。

27）主设备发送数据给指定地址蓝牙数传模块上的 RS-485

方向：PC→主设备→指定地址的蓝牙数传模块上的 RS-485。

指令：AT+AB_B_TX_DT=Bxxxx,6,DATA<CR>。

//DATA：要发送的数据。发送数据为"0x11 0xAA 0xAF 0x00"，则指令为"AT+AB_B_TX_DT=Bxxxx,6, 11AAAF00<CR>"。

返回：<LF>OK<LF>或<LF>ERROR<LF>。

28）RS-485 接收数据

方向：跟蓝牙数传模块上蓝牙模块的工作类型有关。

（1）主设备 蓝牙数传模块→PC。

（2）从设备 蓝牙数传模块→主设备。

指令：AT+AB_485_RX_DT=DATA<CR>。

说明：如果蓝牙数传模块工作在从设备模式下，则向主设备发送数据"Bxxxx,6,DATA"；如果蓝牙数传模块工作在主设备模式下，则向串口发送数据"AT+AB_485_RX_DT=DATA<CR>"。

4. 使用流程

（1）通过串口线把蓝牙数传模块连接到 PC，接上电源线。

（2）打开 PC 上的串口工具设置串口参数为"19 200 bit/s、8 位数据位、无奇偶校验位、1 位停止位"。

（3）设置蓝牙数传模块的工作模式为非透传模式。

```
AT+AB_BASE_WORKMODE=0,2<CR>
```

（4）复位蓝牙数传模块（恢复出厂设置）。

```
AT+AB_B_SET_RST<CR>
```

（5）根据需要设置蓝牙数传模块的工作模式及最大连接数，从机模式时最大连接数为 1。

```
AT+AB_B_SET_TYPE=0<CR>
```

（6）设置蓝牙数传模块的连接密码，连接密码和硬件地址相关联，如果硬件地址为"B1111"，则可设置的连接密码共 16 个，范围为 B1110～B111F。

```
AT+AB_B_SET_PASSWORD=B111A<CR>
```

（7）根据需要设置蓝牙数传模块的其他参数，如是否鉴权等。

（8）设置蓝牙数传模块的 IO 是否主动上传，如果不使用 IO 则设置为不主动上传。

```
AT+AB_BASE_REPORTED=0,N<CR>
```

（9）根据需要设置 RS-485 的参数，如果不使用 RS-485，则不设置。

```
AT+AB_485_SET=1,3,8,0,2,0<CR>
```

（10）根据需要设置工作模式。

```
AT+AB_BASE_WORKMODE=0,2<CR>
```

（11）如果需要可把蓝牙数传模块和其他设备相连接。

5. 应用举例

一个蓝牙模块工作在主机模式，另一个蓝牙模块工作在从机模式。工作在从机模式的蓝牙模块连接遥控汽车，工作在主机模式的蓝牙模块发送指令控制遥控汽车。

（1）配置主机模式的蓝牙模块。

```
AT+AB_BASE_WORKMODE=0,2<CR>
AT+AB_B_SET_RST<CR>
AT+AB_B_SET_TYPE=1<CR>
AT+AB_B_SET_PASSWORD=110A<CR>
AT+AB_BASE_REPORTED=0,N<CR>
AT+AB_BASE_WORKMODE=0,2<CR>
```

（2）配置从机模式的蓝牙模块

```
AT+AB_BASE_WORKMODE=0,2<CR>
AT+AB_B_SET_RST<CR>
AT+AB_B_SET_TYPE=0<CR>
AT+AB_B_SET_PASSWORD=110A<CR>
AT+AB_BASE_REPORTED=0,N<CR>
AT+AB_BASE_WORKMODE=0,0<CR>
```

（3）把配置为从机的蓝牙模块断电后和智能汽车的串口连接（注意蓝牙模块的 TX、RX 和智能汽车的 RX、TX 连接，即交叉连接）。接通智能汽车和从机蓝牙模块的电源，主机的蓝牙模块发送指令"AT+AB_B_TX_DT=Bxxxx,3,CAR+ADV<CR>"时小车前进。其中 Bxxxx 为从机蓝牙模块的硬件地址。图 3-1 所示为计算机标准 DB-9 公头（能看见针）正视结构，要注意母头（看不见针）与公头扣接时的顺序。

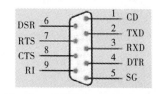

图 3-1　计算机标准 DB-9 公头（能看见针）正视图

3.2.3　射频无线通信节点

433 MHz 无线通信节点内嵌有 433 MHz 无线通信模块，简称 RF 通信模块。PC 或其他通信终端经过串口向 RF 通信模块发送数据和指令，即可与其他的 RF 模块进行通信。

1. 相关指令

1）查询 RF 通信模块的工作模式

方向：PC→RF 通信模块。

指令：AT+AC_BASE_WORKMODE=1<CR>。

返回：AT+AC_BASE_WORKMODE=1,mode<CR>。

//mode：模式指示，取值为 0（透传模式——TEXT[文本]形式）、1（透传模式——二进制形式）、2（非透传模式——主设备板必在该模式下）。

2）设置 RF 通信模块的工作模式

方向：PC→RF 通信模块。

指令：AT+AC_BASE_WORKMODE=0,mode<CR>。

//mode：模式指示，取值为 0（透传模式——TEXT[文本]形式）、1（透传模式——二进制形式）、2（非透传模式——主设备板必在该模式下）。

返回：<LF>OK<LF>或<LF>ERROR<LF>。

说明：透传模式时不能进行设备板的配置，发送数据中包含有自身地址，只有从设备能进入该模式；非透传模式时模块与 PC 相连，默认主设备板工作在该模式下。

3）查询 RF 通信模块的 IO 电平

方向：PC→RF 通信模块。

指令：AT+R_AC_BASE_IO<CR>。

返回：AT+AC_BASE_IO=N<CR>。

//N：电平值，取值为 0 或 1。

当 PC 连接的为主设备板且要查询已连接的从设备板的 IO 电平时，需发送如下指令"AT+AC_C_TX_DT=Cxxxx,5,AT+R_AC_BASE_IO<CR>"。

//Cxxxx：RF 模块的地址，五位 ASCII 字符，第一位为设备类型区别码，取值为 A（智能终端）、B（蓝牙无线通信节点）、C（433 MHz 无线通信节点）、Z（ZigBee 无线通信节点）；后四位取值为 0~9、a~z、A~Z（xxxx=0000 时为广播地址）。

返回：<LF>OK<LF>AT+AC_C_RX_DT=Cxxxx, 5, N<CR>。

//Cxxxx：RF 模块或者 433 MHz 无线通信节点的地址，五位 ASCII 字符，第一位为设备类型区别码，取值为 A（智能终端）、B（蓝牙无线通信节点）、C（433 MHz 无线通信节点）、Z（ZigBee 通信节点）；后四位取值为 0~9、a~z、A~Z（xxxx=0000 时为广播地址）。

//N：电平值，取值为 0 或 1。

说明：此指令广播发送时将导致主设备板接收数据受到阻塞，收到的数据将不完整，所以通常情况下指定所要查询的从设备板地址。

4）查询 RF 通信模块的主从工作状态

方向：PC→RF 通信模块。

指令：AT+AC_BASE_MS=1<CR>。

返回：AT+AC_BASE_MS=1,mode<CR>。

//mode：模式代码，取值为 M（主设备状态）、S（从设备状态）。

5）设置 RF 通信模块子的主从工作状态

方向：PC→RF 通信模块。

指令：AT+AC_BASE_MS=0,mode<CR>。

//mode：模式代码，取值为 M（主设备状态）、S（从设备状态）。

返回：<LF>OK<LF>或<LF>ERROR<LF>。

6）控制 RF 通信模块发送数据

方向：PC 或设备→RF 通信模块。

指令：AT+AC_C_TX_DT=Cxxxx,M,DATA<CR>。

//Cxxxx：无线板地址，五位 ASCII 字符，第一位为设备类型区别码，取值为 A（智能终端）、B（蓝牙无线通信节点）、C（433 MHz 无线通信节点）、Z（ZigBee 通信节点）；后四位取值为 0～9、a～z、A～Z（xxxx=0000 时为广播地址）。

//M：DATA 格式指示，取值为 0（二进制形式）、1（文本形式，指示 DATA 后面包含\r\n）、2（文本形式，指示 DATA 后面包含\n\r）、3（文本形式，指示 DATA 后面包含\r）、4（文本形式，指示 DATA 后面包含\n）、5（文本形式，指示 DATA 后无数据）。

//DATA：数据内容，需根据 M 的值编码数据。

返回：<LF>OK<LF>或<LF>ERROR<LF>。

例如：

M=0 时（二进制形式），要发送的数据为"0x12,0x16,0xAB,0xFF"，则指令为"AT+AC_C_TX_DT=C1234,0,1216ABFF<CR>"。如果接收方从设备板工作在透传模式下，将通过 RF 通信模块的串口发出数据"0x12,0x16,0xAB,0xFF"；如果接收方从设备板工作在非透传模式下，将通过 RF 通信模块的串口发出数据"AT+AC_C_RX_DT=C1234,0,1216ABFF<CR>"。

M=1 时（文本形式，指示 DATA 后面包含\r\n），要发送的数据为"AT+NAME?\r\n"，则指令为"AT+AC_C_TX_DT=C1234,1,AT+NAME?<CR>"。如果接收方从设备板工作在透传模式下，将通过 RF 通信模块的串口发出数据"AT+NAME?<CR><LF>"；如果接收方从设备板工作在非透传模式下，将通过 RF 通信模块的串口发出数据"AT+AC_C_RX_DT=C1234,1,AT+NAME?<CR>"。

M=5 时（文本形式，指示 DATA 后无数据），要发送的数据为"AT+NAME?"，则指令为"AT+AC_C_TX_DT=C1234,5,AT+NAME?<CR>"。如果接收方从设备板工作在透传模式下，将通过 RF 通信模块的串口发出数据"AT+NAME?"；如果接收方从设备板工作在非透传模式下，将通过 RF 通信模块的串口发出数据"AT+AC_C_RX_DT=C1234,5, AT+NAME?<CR>"。

7）接收来自 RF 通信模块上的数据

方向：RF 通信模块→PC 或设备。

指令：AT+AC_C_RX_DT=Cxxxx,M,DATA<CR>。

//Cxxxx：无线板地址，五位 ASCII 字符，第一位为设备类型区别码，取值为 A（智能终端）、B（蓝牙无线通信节点）、C（433 MHz 无线通信节点）、Z（ZigBee 通信节点）；后四位取值为 0～9、a～z、A～Z（xxxx=0000 时为广播地址）。

//M：DATA 格式指示，取值为 0（二进制形式）、1（文本形式，指示 DATA 后面包含\r\n）、2（文本形式，指示 DATA 后面包含\n\r）、3（文本形式，指示 DATA 后面包含\r）、4（文本形式，指示 DATA 后面包含\n）、5（文本形式，指示 DATA 后无数据）。

//DATA：数据内容，需要根据 M 的值解码数据。

返回：<LF>OK<LF>或<LF>ERROR<LF>。

8）查询 RF 通信模块的硬件地址

方向：PC→RF 通信模块。

指令：AT+AC_BASE_ADDRESS=1 <CR>。

返回：AT+AC_BASE_ADDRESS=1,Cxxxx<CR>。

//Cxxxx：无线板地址，五位 ASCII 字符，第一位为设备类型区别码，取值为 A（智能终端）、B（蓝牙无线通信节点）、C（433 MHz 无线通信节点）、Z（ZigBee 通信节点）；后四位取值为 0～9、a～z、A～Z。

9）设置 RF 通信模块的 IO 状态是否主动上报

指令：AT+AC_BASE_REPORTED=0,Mode<CR>。

返回：<LF>OK<LF>或<LF>ERROR<LF>。

//Mode：是否上报，取值：Y 或 N。

说明：设置为主动上报时，当 IO 电平从低电平变为高电平时，从设备会主动向主设备循环发送数据 "Cxxxx,5,1"；从高电平变为低电平时，从设备会主动向主设备发送一次数据 "Cxxxx,5,0"。其中 Cxxxx 为自身 RF 通信模块的硬件地址。

10）查询 RF 通信模块的 IO 状态是否主动上报

指令：AT+AC_BASE_REPORTED=1 <CR>。

返回：AT+AC_BASE_REPORTED=1,Mode<CR>。

//Mode：是否上报，取值为 Y 或 N。

11）设置 RF 通信模块的同步头

指令：AT+AC_C_SYNC=0,Sync<CR>。

返回：<LF>OK<LF>或<LF>ERROR<LF>。

//Sync：取值为 0001～FFFE，具体取值和设备板的编号有关。

12）查询 RF 通信模块的同步头

指令：AT+AC_C_SYNC=1 <CR>。

返回：AT+AC_C_SYNC=1,Sync<CR>。

//Sync：取值为 0001～FFFE，具体取值和设备板的编号有关。

2. 使用流程

（1）通过串口线把 RF 通信模块连接到 PC，接上电源线。

（2）打开 PC 上的串口工具，设置串口参数为 "19 200 bit/s、8 位数据位、无奇偶校验位、1 位停止位"。

（3）设置 RF 通信模块的工作模式为非透传模式。

```
AT+AC_BASE_WORKMODE=0,2<CR>
```
（4）根据需要设置 RF 通信模块的主从工作状态。
```
AT+AC_BASE_MS=0,Mode<CR>
```
（5）根据外壳上的编号设置 RF 通信模块的同步头。
```
AT+AC_C_SYNC=0,Sync<CR>
```
（6）设置 RF 通信模块的 IO 是否主动上传，如果不使用 IO 则设置为不主动上传。
```
AT+AC_BASE_REPORTED=0,N<CR>
```
（7）根据需要设置 RF 通信模块的工作模式。

（8）如果需要可把 RF 通信模块和其他设备相连接。

3. 应用举例

一个 RF 通信模块工作在主设备状态，另一个 RF 通信模块工作在从设备状态。工作在从设备状态的 RF 通信模块接门磁，工作在主设备状态的 RF 通信模块接 PC 串口。门磁的接法为门磁断开时开关断开，门磁吸合时开关接通。门磁上的两根线分别连接到从设备 RF 通信模块上 DB9 的 5（GND）和 6（IN）引脚上。当门磁断开时从设备向主设备周期发送数据 "CXXXX,5,1"。

（1）配置主机状态的 RF 通信模块。

```
AT+AC_BASE_WORKMODE=0,2<CR>
AT+AC_BASE_MS=0,M<CR>
AT+AC_C_SYNC=0,100A<CR>
```

注：100A 是同步头，在此处仅作为示例，其取值与 RF 通信模块的硬件地址有关。

```
AT+AC_BASE_REPORTED=0,N<CR>
AT+AC_BASE_WORKMODE=0,2<CR>
```

（2）配置从机状态的 RF 通信模块。

```
AT+AC_BASE_WORKMODE=0,2<CR>
AT+AC_BASE_MS=0,S<CR>
AT+AC_C_SYNC=0,100A<CR>
```

注：100A 是同步头，在此处仅作为示例，其取值与 RF 通信模块的硬件地址有关。

```
AT+AC_BASE_REPORTED=0,Y<CR>
AT+AC_BASE_WORKMODE=0,2<CR>
```

把门磁接在从机状态的 RF 通信模块上，当门磁断开时主机状态的 RF 通信模块会通过串口周期性发送数据 "AT+AC_C_RX_DT=Cxxxx,5,1<CR>"；当门磁从断开状态切换到吸合状态时，主机状态的 RF 通信模块通过串口仅发送一次数据 "AT+AC_C_RX_DT=Cxxxx,5,1<CR>"。其中 Cxxxx 为从机状态 RF 通信模块的硬件地址。

任务 3.3　串口调试工具的使用

3.3.1　串口调试助手使用说明

（1）查看计算机上的串口号，台式机自带的串口号为 COM1。如果用的是 USB 转串口，可以在"设备管理器"窗口中的"端口"下查看。

（2）打开串口调试助手"UartAssist"，选择计算机上的串口号并按图 3-2 所示进行设置。

（3）在"接收区设置"中勾选"自动换行显示"复选框，如图 3-3 所示。

（4）在"发送区设置"中勾选"自动发送附加位"复选框，在弹出的"附加位设置"对话框中选择"固定位"并单击"确定"按钮保存设置，如图 3-4 所示。

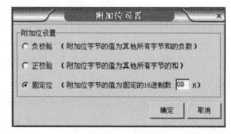

图 3-2　串口设置　　图 3-3　设置自动换行显示　　图 3-4　"附加位设置"对话框

（5）把要发送的数据写入到发送区（可从相关用户手册复制指令及数据，然后粘贴到数据发送区），并单击"发送"按钮发送数据，如图 3-5 所示。

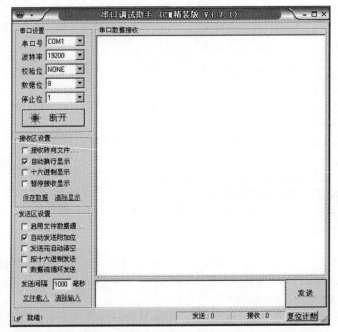

图 3-5　串口调试助手工作界面

3.3.2　设备地址和配置限制性说明

有关硬件地址和 ZigBee 通信节点的 PAN_ID、蓝牙数传模块的连接密码、RF 通信模块的同步头设置的说明：

（1）同一套设备硬件地址的中间三位必须一致，否则网络通信节点、智能终端以及干扰机之间的通信会失败，例如：

A0010 终端
A0011 干扰机
B0010 蓝牙无线通信节点 1
B0011 蓝牙无线通信节点 2
C0010 433MHz 无线通信节点 1（RF 通信模块）
C0011 433MHz 无线通信节点 2（RF 通信模块）
Z0010 ZigBee 无线通信节点 1
Z0011 ZigBee 无线通信节点 2
Z0012 ZigBee 无线通信节点 3
Z0013 ZigBee 无线通信节点 4

（2）设置 ZigBee 通信节点的 PAN_ID。如果一套设备（终端、干扰机、组网模块）硬件地址的中间三位为 001,则这套设备的 PAN_ID 的设置范围为 0010～001F,设置其他的 PAN_ID 会报错（返回/LFERROR/LF）。

（3）设置蓝牙数传模块的连接密码。如果一套设备（终端、干扰机、组网模块）硬件地址的中间三位为 001，则这套设备蓝牙数传模块的连接密码的设置范围为 0010～001F，设置其他的连接密码会报错（返回/LFERROR/LF）。

（4）设置 433 MHz 无线通信节点（RF 通信模块）的同步头。如果一套设备（终端、干扰机、组网模块）硬件地址的中间三位为 001，则这套设备 433 MHz 无线通信节点（RF 通信模块）的同步头的设置范围为 0010～001F，设置其他的同步头会报错（返回/LFERROR/LF）。

思考与练习

1. 智能终端内共有哪五类通信模块？
2. 简述 ZigBee 组网的条件。
3. 简述建立 UART 数据传输的基本步骤。
4. 简述建立蓝牙数据传输的基本步骤。
5. 简述两个蓝牙模块无法连接时的处理方法。
6. 简述串口调试助手的使用方法。

单元④　　　　➡ 组建危险报警系统

【学习目标】
- 设计危险报警系统并仿真运行。
- 掌握报警按钮和声光报警器的安装与连接。
- 掌握 ZigBee 通信节点和智能终端的数据配置。
- 掌握继电器模块的结构和使用方法。
- 实现并测试危险报警系统逻辑功能。

任务 4.1　系统分析与设计

4.1.1　危险报警系统功能

危险报警系统以固定或随身报警按钮为检测设备，以声光报警器为被控输出设备。固定或随身报警按钮被触发后，检测信号以无线方式送入智能终端控制器。智能终端识别报警信号后在屏幕上弹出报警对话框，同时通过继电器驱动声光告警报警。点击智能终端屏幕上报警对话框中的"确认"按钮可停止声光报警。具体功能要求如下：

（1）固定报警按钮被触发后声光报警，点击报警对话框中"确认"按钮解除报警。

（2）随身报警按钮被触发后声光报警，点击报警对话框中"确认"按钮解除报警。

4.1.2　设计危险报警系统

1. 确定系统拓扑结构

危险报警系统由随身报警按钮、固定报警按钮、ZigBee 通信节点、智能终端、继电器模块和声光报警器组成，如图 4-1 所示。各个器件的连接方式如下：

（1）随身报警按钮与智能终端之间：RF315 无线连接。

（2）固定报警按钮与 ZigBee 通信节点之间：开关量有线连接。

（3）ZigBee 通信节点与智能终端之间：ZigBee 无线连接。

（4）智能终端与继电器模块之间：RS-485 有线连接。

（5）继电器模块与声光报警器之间：开关量有线连接。

2. 分析系统逻辑功能

危险报警系统有 2 个功能事件，即"按下固定报警按钮"和"按下随身报警按钮"，它们的响应均为"声光报警器报警"，如表 4-1 所示。

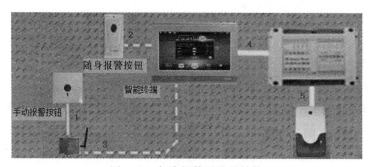

图 4-1　危险报警系统的结构

表 4-1　危险报警系统事件和响应

事件名称	响应动作
按下固定报警按钮	声光报警器报警
按下随身报警按钮	声光报警器报警

3. 系统设计与仿真运行

（1）登录仿真软件 QZT-3000 设计子系统，按图 4-1 所示向设计区域中添加组件和连接线。其中，固定报警按钮与 ZigBee 通信节点之间采用银色实线连接，表示输入信号线；随身报警按钮与智能终端之间以及 ZigBee 通信节点与智能终端之间采用银色虚线连接，表示使用无线通信方式；智能终端与继电器模块之间以及继电器模块与声光报警器之间采用黄色实线连接，表示输出控制线。

（2）分别定义"固定按钮报警"和"随身按钮报警"2 个动画序列，参数如表 4-2 所示。

表 4-2　动画序列参数

序列名称	组件列表	开始时间/ms	持续时间/ms
固定按钮报警	固定报警按钮	0	1 000
	连接线 1	1 000	1 000
	ZigBee 通信节点	2 000	1 000
	连接线 3	3 000	1 000
	智能终端	4 000	1 000
	连接线 4	5 000	1 000
	继电器模块	6 000	1 000
	连接线 5	7 000	1 000
	声光报警器	8 000	1 000
随身按钮报警	随身报警按钮	0	1 000
	连接线 2	1 000	1 000
	智能终端	2 000	1 000
	连接线 4	3 000	1 000
	继电器模块	4 000	1 000
	连接线 5	5 000	1 000
	声光报警器	6 000	1 000

（3）定义"按下固定报警按钮"和"按下随身报警按钮"2个事件，并分别与动画序列"固定按钮报警"和"随身按钮报警"相关联。

（4）登录仿真软件 QZT-3000 运行子系统，在运行区域右击，弹出快捷菜单，分别选择"按下固定报警按钮"和"按下随身报警按钮"命令，触发播放"固定按钮报警"和"随身按钮报警"动画序列。

任务 4.2　设备安装与配置

4.2.1　安装随身报警按钮

1. 随身报警按钮的功能及特性

（1）按下按键后发送 8 位二进制地址（如 3C）。

（2）工作频率：315 Mhz。

（3）工作电压：12VDC（23A 电池一节）。

（4）发射距离：100 m（空旷环境）。

（5）天线：拉杆天线。

2. 随身报警按钮的结构与安装

随身报警按钮外形如图 4-2 所示，采用便携式遥控设计，无须安装在网孔板上。

图 4-2　随身报警按钮的结构

3. 随身报警按钮的应用举例

按键按下时，向智能终端发送"AT+AA_C_315=0xXX"，其中 0xXX 为随身按钮的地址。此时智能终端上的 RF 通信模块应工作于解码模式。

4.2.2　安装固定报警按钮

1. 固定报警按钮的功能及特性

（1）触发 100 000 次无故障，报警后使用钥匙进行复位。

（2）连接方式：常开或常闭。

（3）标准 86 盒安装。

（4）ABS 工程塑料外壳。

（5）质量（g）：13。

2. 固定报警按钮的工作环境要求

（1）工作温度：–10～60 ℃。

（2）存储温度：–30～80 ℃。

（3）相对湿度：≤90%（无凝结）。

3. 固定报警按钮的结构与安装

固定报警按钮的内外部结构如图 4-3 所示。请仔细观察实际使用的固定报警按钮，常开接点、常闭接点以及公共端接点的位置和标识可能与图 4-2 不一致。查看线路板上的丝印说明，一般习惯用"COM""C"或者"CO"标示公共端接点、用"NC"标示常闭接点，用"NO"标示常开接点。

图 4-3　固定报警按钮的结构

将报警按钮的连线按需求接在常开或常闭触点上，将报警按钮正面的边框打开，将两个M4螺钉从正面穿过左右两个安装孔，在每个螺钉上各装 3 个 M4 六角螺母，其中一个螺母紧贴面板内壁，另外两个螺母调至合适位置，螺母之间留 2 mm 空隙，将空隙卡入网孔板的水滴形安装孔中固定好，扣上边框。

4. 固定报警按钮的应用举例

固定报警按钮既可接在继电器模块的输入口，也可接在 ZigBee 通信节点的 IO 输入端上。当报警按钮状态发生变化时，且模块和网络通信配置正确的情况下，智能终端会接收到相关信息。

连接报警按钮的常闭触点，假设报警按钮接在串口继电器模块的输入口 1，设备连接以及配置正确的情况下，按钮按下时，可向智能终端发送"AT+AA_RS485RX=0102010FE18C"；按钮复位时，自动向智能终端发送"AT+AA_RS485RX=0102010E204C"。假设探测器接在ZigBee 通信节点（模块地址为 Z0011），按下按钮时，向智能终端发送"AT+AA_Z_TX_DT=Z0011,5,1"；按钮复位时，向智能终端发送"AT+AA_Z_TX_DT=Z0011,5,0"。

4.2.3　配置 ZigBee 通信节点

1. ZigBee 通信节点的外部结构

ZigBee 通信节点的外部结构如图 4-4 所示，SW 开关拨到左侧为运行状态，拨到右侧为编程状态。

2. ZigBee 网络的组网条件

（1）一个 ZigBee 网络必须具有一个唯一的协调器，至少有一个路由器。

（2）组网中各 ZigBee 通信节点和智能终端的 ZigBee模块具有相同的 CHANNEL。

（3）组网中各 ZigBee 通信节点和智能终端的 ZigBee 模块具有相同的 PAN_ID。

图 4-4　ZigBee 通信节点外部结构

3. 设置 ZigBee 通信节点参数

使用串口线连接 ZigBee 通信节点和 PC，并接通电源。打开 PC 上的串口工具，设置串口参数为 19 200 bit/s，8 位数据位，无奇偶校验位，1 位停止位。通过指令完成配置。

（1）设置 ZigBee 通信节点的工作模式为非透传模式。

```
AT+AZ_BASE_WORKMODE=0,2<CR>
```

（2）设置 ZigBee 通信节点的类型为路由器。

```
AT+AZ_Z_NODE=R<CR>
```

（3）设置 ZigBee 通信节点的硬件地址。

```
AT+AZ_BASE_ADDRESS=0,Z0010<CR>
```

（4）设置 ZigBee 通信节点的 PAN_ID。

```
AT+AZ_Z_PAN_ID=001A<CR>
```

（5）设置 ZigBee 通信节点的 CHANNEL，默认为 15，一个网络内的 CHANNEL 要保持一致。

```
AT+AZ_Z_CHANNEL=15<CR>
```

（6）设置 ZigBee 通信节点的 IO 状态为主动上报。

```
AT+AZ_BASE_REPORTED=0,Y<CR>
```

4.2.4 配置智能终端

智能终端内有 ZigBee、蓝牙、RF315M/433M、CAN、RS-485 共 5 类通信模块，在使用之前需要进行各自的配置。危险报警系统中智能终端与随身报警按钮采用 FM315 方式通信，与固定报警按钮连接无线通信节点采用 ZigBee 方式通信，因此需要对智能终端的 RF315M/433M 和 ZigBee 通信模块进行设置。

1. 智能终端的外部结构

智能终端的外部结构如图 4-5 所示，SW 开关拨到左边为运行状态，拨到右侧为编程状态。智能终端可平放在工程操作台面上，也可通过背面葫芦孔挂接在工程操作台网孔板上。

图 4-5 智能终端外部结构

2. 智能终端的通信接口

智能终端安装有多种接口，具体配置如表 4-3 所示。有线通信接口、工作状态开关、复位孔分布在智能终端两侧，如图 4-6 所示。

表 4-3 智能终端接口配置

类 型	描 述
有线通信接口	1 个 10/100M 自适应以太网 RJ-45 接口（采用 DM9000AEP）； 1 个 mini USB Slave 2.0 接口； 3 个 USB Host 2.0 接口； 3 个 RS-232 串口； 1 个 RS-485 总线接口； 1 个 CAN 总线接口
无线通信接口	WCDMA 3G 接口，WCDMA 频率：2100/1900/850(900)MHz，GSM 频率：1900/1800/900/850 MHz ZigBee； Bluetooth，兼容 Bluetooth2.1+EDR 规范； RF433 MHz； Wi-Fi，IEEE 802.11 b/g
视音频接口	1 路 CVBS 视频输出接口； 板载 WM8960 声卡，支持 1 路麦克风输入接口和 1 路立体声音频输出接口； 1 个 HDMI 接口（Type A）
电源接口	DC5V±20%
其他接口	1 个 USIM/SIM 卡插座

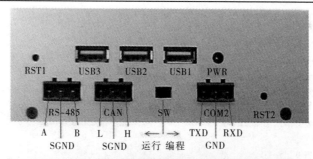

图 4-6 智能终端接口位置

3. 设置智能终端 RF 模块工作模式

```
AT+AA_C_MODE=315<CR>
```

4. 设置智能终端 ZigBee 模块参数

（1）设置智能终端 ZigBee 模块的类型为协调器。

```
AT+AA_Z_NODE=C<CR>
```

（2）设置智能终端 ZigBee 模块的 PAN_ID。

```
AT+AA_Z_PAN_ID=001A<CR>
```

（3）设置智能终端 ZigBee 模块的 CHANNEL。

```
AT+AA_Z_CHANNEL=15<CR>
```

4.2.5 安装继电器模块

1. 继电器模块的功能及特性

（1）四路光电隔离开关量采集。

（2）四路 30A 大功率继电器常开、常闭输出。

（3）RS–485/RS–232 标准接口。

（4）可通过拨码开关设置 IO 输入变化主动上传。

（5）MODBUS–RTU 标准协议控制。

（6）软件设定地址等参数。

（7）标准工业导轨安装。

2. 继电器模块的工作环境要求

（1）工作环境温度：–20～65 ℃。

（2）存储温度：–30～80 ℃。

（3）相对湿度：95%（无凝结）。

（4）工作电源电压：DC 12 V。

3. 继电器模块的结构与安装

继电器模块外形尺寸为 116 mm（长）×91 mm（宽）×40 mm（高），提供 2 种可选安装方式，一种是使用 4 颗 M4 螺钉固定，另一种是采用 DIN35 标准导轨安装，如图 4-7 所示。继电器模块引脚定义如表 4-4 所示。

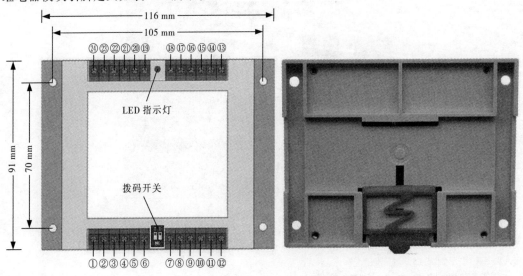

图 4-7　继电器模块外部结构

（1）导轨安装。拉开 I/O 控制器背部的红色卡扣，将导轨插入背部卡槽，松开红色卡扣，即完成控制器的安装。

（2）螺钉安装。用 2 枚自带垫片的 M4 螺钉以及 4 颗螺母，先将螺钉与模块固定，然后将螺钉卡入网孔板。

表 4-4 继电器模块引脚定义

引脚	名称	描述	引脚	名称	描述
1	Vin	12 V 电源正极	13	NC3	第三组继电器常闭端
2	Gnd	电源地	14	NO3	第三组继电器常开端
3	TXD	RS-232 数据发送	15	CO3	第三组继电器公共端
4	RXD	RS-232 数据接收	16	NC4	第四组继电器常闭端
5	D+	RS-485 数据 D+(A)	17	NO4	第四组继电器常开端
6	D-	RS-485 数据 D-(B)	18	CO4	第四组继电器公共端
7	NC1	第一组继电器常闭端	19	X1	第一组开关量输入
8	NO1	第一组继电器常开端	20	X2	第二组开关量输入
9	CO1	第一组继电器公共端	21	X3	第三组开关量输入
10	NC2	第二组继电器常闭端	22	X4	第四组开关量输入
11	NO2	第二组继电器常开端	23	Com	开关量输入公共端
12	CO2	第二组继电器公共端	24	Vio	开关量输入电源端

4. 继电器模块的连接与设置

1）供电电源的连接

继电器模块采用 12 V 直流电源，供电电源的连接如图 4-8 所示。

2）RS-232 串口的连接

继电器模块 RS-232 串口连接如图 4-9 所示。选用 RS-232 时，继电器模块拨码开关第 2 位必须置为"ON"。

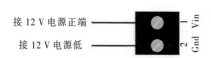

接 12 V 电源正端
接 12 V 电源低

图 4-8 继电器模块电源的连接

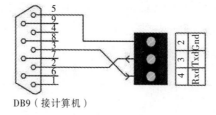

DB9（接计算机）

图 4-9 继电器模块 RS-232 串口的连接

3）RS-485 接口的连接

继电器模块 RS-485 串口连接如图 4-10 所示。RS-485 建议采用 120 Ω 双绞线连接，当传输距离较远时采用带屏蔽的连接线，并将屏蔽层接地，总线上挂接多个设备时采用并联方式并接。选用 RS-485 时，继电器模块拨码开关第 2 位必须置为"OFF"。

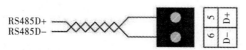

RS485D+
RS485D-

图 4-10 继电器模块 RS-485 串口的连接

4）输出控制的连接

当所控制的设备需要长时间供电时，应使用继电器常闭接点进行连线；当所控制的设备只需短时间供电时，应使用继电器常闭接点进行连线。连接时应注意所接设备的工作电源电压与极性。使用常开接点连接 LED 灯如图 4-11 所示。

5）开关量输入的连接

开关量输入电源端（Vio）必须接直流 12 V 电源正极，开关量输入公共端接直流 12 V 电源地，如图 4-12 所示。

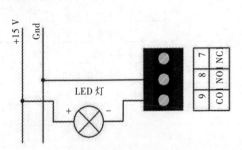

图 4-11　继电器模块常开接点连接 LED 灯

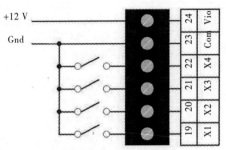

图 4-12　继电器模块开关量输入的连接

6）LED 指示灯的功能

① I/O 控制器上电启动时 LED 指示灯闪烁两次。

② 工作状态下，无数据通信时，LED 指示灯每 5 S 亮一次。

③ 串口接收到非正确指令时，控制器不响应且不返回数据，LED 指示灯微弱快闪。

④ 串口接收到正确指令时，控制器响应指令并返回数据，此时 LED 指示灯较亮快闪。

7）拨码开关设置

① 允许输入 IO 变化主动上传：第一位状态置为"ON"。

② 不允许输入 IO 变化主动上传：第一位状态置为"OFF"。

③ 设置通信接口为 RS-232：第二位状态置为"ON"。

④ 出厂设置通信接口为 RS-485：第二位状态置为"OFF"。

5. 继电器模块的通信指令

继电器模块的通信指令如表 4-5 所示。

表 4-5　继电器模块的通信指令

名称	从机地址	命令	寄存器地址（高字节、低字节）	数据域	CRC 校验
长度	1 字节	1 字节	1 字节	2 字节	2 字节
读取继电器状态	0x01-0xfe	0x01	0x0010	高字节=0x00， 低字节=开关量数 0x04	CRCH，CRCL
控制全部继电器	0x01-0xfe	0x0f	0x0010	0x00，0x04（继电器数）， 0x01（字节数）， 0x0X（开关控制）	CRCH，CRCL
控制单个继电器	0x01-0xfe	0x05	0x0010-0x0013	高字节=0xFF，低字=0x00：吸合 高字节=0x00，低字=0x00：断开	CRCH，CRCL
读取开关量输入	0x01-0xfe	0x02	0x0020	高字节=0x00， 低字节=开关量数 0x04	CRCH，CRCL
设定设备地址	0x01-0xfe	0x06	0x0040	高字节=0x00， 低字节=新设备的地址	CRCH，CRCL

1）读取开关量输入

（1）读取地址为 0x01 模块的开关输入，发送数据为：

0x01,0x02,x00,0x20,0x00,0x04,0x78,0x03

（2）返回结果为：0x01,0x02,0x01,0x0F,0xE1,0x8C。其中，0x0F 为返回数据，代表输入 IO 状态（0 为低电平，1 为高电平），低 4 位有效。

返回数据格式如表 4-6 所示。

表 4-6　读取开关量输入时继电器模块返回数据的格式

名称	从机地址	命令	返回字节数	返回数据（高字节、低字节）	CRC 校验
长度	1 字节	1 字节	1 字节	1 字节	2 字节
返回开关量状态	0x01	0x02	0x01	返回开关状态，低 4 位有效	CRCH，CRCL

2）控制继电器输出（假定模块地址为 0x01）

（1）一次控制单个开关动作：

开第一路：0x01,0x05,0x00,0x10,0xFF,0x00,0x8D,0xFF。

开第二路：0x01,0x05,0x00,0x11,0xFF,0x00,0xDC,0x3F。

开第三路：0x01,0x05,0x00,0x12,0xFF,0x00,0x2C,0x3F。

开第四路：0x01,0x05,0x00,0x13,0xFF,0x00,0x7D,0xFF。

关第一路：0x01,0x05,0x00,0x10,0x00,0x00,0xCC,0x0F。

关第二路：0x01,0x05,0x00,0x11,0x00,0x00,0x9D,0xCF。

关第三路：0x01,0x05,0x00,0x12,0x00,0x00,0x6D,0xCF。

关第四路：0x01,0x05,0x00,0x13,0x00,0x00,0x3C,0x0F。

（2）一次控制所有继开关动作：

开全部：0x01,0x0F,0x00,0x10,0x00,0x04,0x01,0x0F,0xBF,0x51。

关全部：0x01,0x0F,0x00,0x10,0x00,0x04,0x01,0x00,0xFF,0x55。

置一二路开，置三四路关：0x01,0x0F,0x00,0x10,0x00,0x04,0x01,0x03,0xBF,0x54。

置一二路关，置三四路开：0x01,0x0F,0x00,0x10,0x00,0x04,0x01,0x0C,0xFF,0x50。

3）读取继电器输出状态

（1）读取地址为 0x01 模块输出，发送数据为：

0x01,0x01,x00,0x10,0x00,0x04,0x3c,0x0c

（2）返回结果为 0x01,0x01,x01,0x00,0x51,0x88。其中，0x00 为返回数据，代表输出状态（0 为低断开，1 为吸合），低 4 位有效。

返回数据格式如表 4-7 所示。

表 4-7　读取输出状态时继电器模块返回数据的格式

名称	从机地址	命令	返回字节数	返回数据（高字节、低字节）	CRC 校验
长度	1 字节	1 字节	1 字节	1 字节	2 字节
返回开关量状态	0x01	0x01	0x01	返回开关状态，低 4 位有效	CRCH，CRCL

4）设定模块地址

（1）将 0x01 改为 0x02：0x01,0x06,0x00,0x40,0x00,0x02,0x09,0xDF。

（2）将 0x01 改为 0x03：0x01,0x06,0x00,0x40,0x00,0x03,0xC8,0x1F。

（3）将 0x02 改为 0x01：0x02,0x06,0x00,0x40,0x00,0x01,0x49,0xED。

5）CRC 校验算法

```
unsigned short crc16(unsigned char *ptr,unsigned char len)
{
    unsigned short crc=0xFFFF;
    unsigned char I;
    while(len--)
    {   crc^=*ptr++;
        for(i=0;i<8;i++)
        {   if(crc & 0x01)
            {   crc>>=1;crc^=0xA001; }
            else
            {   crc>>=1; }
        }
    }
    return crc;
}
```

4.2.6　安装声光报警器

1. 声光报警器的功能及特性

（1）防火 ABS 阻燃外壳。

（2）工作电压范围（VDC）：6～15。

（3）额定电流（mA）：300。

（4）额定电压（VDC）：12。

（5）声压（dB）：110±3。

（6）重量（g）：14.5 m（空旷环境）。

（7）天线：拉杆天线。

2. 声光报警器的工作环境要求

（1）工作温度：-10～60 ℃。

（2）存储温度：-30～80 ℃。

（3）相对湿度：≤90%（无凝结）。

3. 声光报警器的结构与安装

声光报警器外形尺寸为 72 mm（长）×122 mm（宽）×47 mm（高），如图 4-13 所示。将 M3 螺钉从报警器正面穿过一个安装孔，然后在螺钉上装两个 M3 六角螺母，将螺母之间的间隙调至 2 mm，将空隙卡入网孔板的水滴形安装孔中固定好。

4. 声光报警器的应用举例

将声光报警器与继电器模块（输出口 1，常开接点）和直流 12 V 电源相连，如图 4-14 所示。假设继电器模块的地址为 0x01，从智能终端上向继电器模块发送指令：

（1）打开报警器：AT+AA_RS485TX=01050010FF008DFF<CR>。

（2）关闭报警器：AT+AA_RS485TX=010500100000CC0F<CR>。

图 4-13　声光报警器的结构

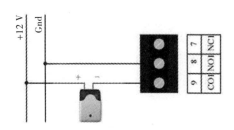

图 4-14　声光报警器与继电器和电源的连接

任务 4.3　功能调试与检测

4.3.1　调试危险报警系统功能

1. 导入原始工程

（1）启动 Eclipse 软件。

（2）单击"File"→"Import"命令，弹出"Import"对话框并显示 Select 页面，如图 4-15 所示。

（3）选择"General"→"Existing Projects into Workspace"选项并单击"Next"按钮，进入"Import"对话框的"Import Projects"页面，如图 4-16 所示。

图 4-15　"Select"页面

图 4-16　"Import Projects"页面

（4）单击"Browse"按钮，弹出"浏览文件夹"对话框，如图 4-17 所示。

（5）选择"老人看护系统（智能终端例程）"目录并单击"确定"按钮，返回"Import"对话框的"Import Projects"页面，如图 4-18 所示。

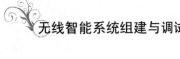

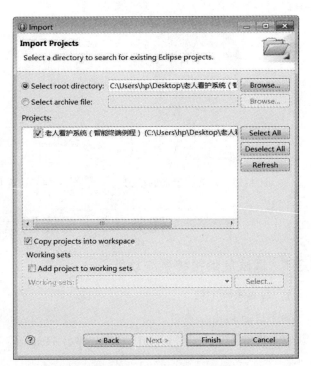

图 4-17 "浏览文件夹"对话框　　　　　　图 4-18 "Import Projects"页面

（6）勾选"Copy projects into workspace"复选框，单击"Finish"按钮完成导入，如图 4-19 所示。

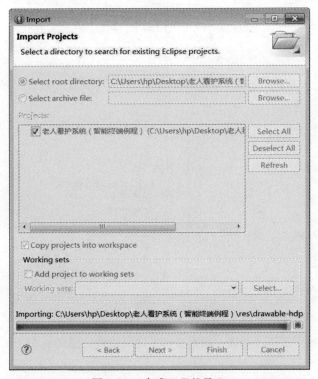

图 4-19　完成工程的导入

2. 修改工程代码

老人看护系统（智能终端例程）工程 src 目录中包含有 4 个 java 源文件，分别是 HomeVideoActivity、MainActivity、NewsFindActivity 和 TaskSetActivity，如图 4-20 所示。其中 MainActivity 负责报警处理，HomeVideoActivity 负责控制。

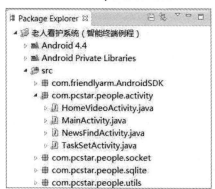

图 4-20　老人看护系统（智能终端例程）工程的源文件

根据危险报警系统逻辑功能和实际设备的地址及连接端口修改"老人看护系统（智能终端例程）"MainActivity 中的相关代码。此处设定随身报警按钮地址为"B1"，使用 RF315 方式与智能终端通信；固定报警按钮连接的 ZigBee 通信节点地址为"Z0011"，使用 ZigBee 方式与智能终端通信；智能终端通过 RS-485 有线连接继电器；继电器的第一路输出连接声光报警器。参考代码如下：

（1）随身报警按钮触发报警。

```
//判断报警设备是否为随身报警按钮
if(readStr.startsWith("AT+AA_C_315=B1")) {
    //驱动声光报警器报警
    write("AT+AA_RS485TX=01050010FF008DFF"+"\r");
    //弹出报警提示对话框,点击按钮关闭报警
    setDialog("随身报警按钮","AT+AA_RS485TX=010500100000CC0F");
}
```

（2）固定报警按钮触发报警。

```
//判断报警设备是否为固定报警按钮且为触发动作
if(readStr.startsWith("AT+AA_Z_RX_DT=Z0011,5,1")) {
    //驱动声光报警器报警
    write("AT+AA_RS485TX=01050010FF008DFF"+"\r");
    //弹出报警提示,点击按钮关闭报警
    setDialog("固定报警按钮","AT+AA_RS485TX=010500100000CC0F");
}
```

（3）固定报警按钮解除报警。

```
//判断报警设备是否为固定报警按钮且为解除动作
if(readStr.startsWith("AT+AA_Z_RX_DT=Z0011,5,0")) {
    //解除声光报警器报警
    write("AT+AA_RS485TX=010500100000CC0F"+"\r");
}
```

（4）报警提示对话框源代码。

```
public void setDialog(String news,final String order){
```

```
        final Builder builder = new AlertDialog.Builder(MainActivity.this);
        builder.setTitle("报警提示");
        builder.setMessage(news+"正在报警……");
        builder.setPositiveButton("关闭报警器",new AlertDialog.OnClickListener() {
            public void onClick(DialogInterface dialog, int which) {   write
(order+"\r");}
            });
        builder.create().show();
    }
```

3. 发布工程文件

在 Eclipse 软件中右击"Package Explorer"窗口中的"老人看护系统（智能终端例程）"工程，在弹出的快捷菜单中选择"Run As"→"Android Application"命令，运行应用程序。选择实际设备，将修改后的工程文件发布到智能终端上。

4.3.2　检测危险报警系统功能

1. 测试随身报警按钮报警功能

（1）按下随身报警按钮后，声光报警器声光报警。

（2）智能终端屏幕上弹出告警对话框，显示报警源"随身报警按钮"。

（3）点击报警对话框上的"OK"按钮后，声光报警器停止报警。

2. 测试固定报警按钮报警功能

（1）按下固定报警按钮后，声光报警器声光报警。

（2）智能终端屏幕上弹出报警对话框，显示报警源"固定报警按钮"。

（3）点击报警对话框上的"OK"按钮后，声光报警器停止报警。

思考与练习

1. 什么是 ZigBee 技术？

2. ZigBee 组网的条件是什么。

3. 安装并连接危险报警系统各种设备，画出系统结构图。

4. 配置危险报警系统设备参数，写出完成以下工作所使用的指令。

（1）设置智能终端 RF 模块工作在 315 MHz。

（2）设置 ZigBee 通信节点为非透传工作模式。

（3）设置 ZigBee 通信节点为路由器类型。

（4）设置 ZigBee 通信节点的硬件地址。

（5）设置智能终端 ZigBee 模块或 ZigBee 通信节点的 PAN_ID。

（6）设置智能终端 ZigBee 模块或 ZigBee 通信节点的 CHANNEL。

（7）设置 ZigBee 通信节点为 IO 主动上报模式。

5. 调试程序实现危险报警功能，补充完整以下关键语句：

【说明】随身报警按钮地址为"B1"，使用 RF315 方式与智能终端通信；固定报警按钮连接的 ZigBee 通信节点地址为"Z0011"，使用 ZigBee 方式与智能终端通信；智能终端通过

RS-485 有线连接继电器；继电器的第一路输出连接声光报警器。

（1）随身报警按钮触发报警。

```
//判断报警设备是否为随身报警按钮
if(readStr.startsWith("_____")) {
    //驱动声光报警器报警
    write("_____"+"\r");
    //弹出报警提示对话框，点击按钮关闭报警
    setDialog("随身报警按钮","_____");
}
```

（2）固定报警按钮触发报警。

```
//判断报警设备是否为固定报警按钮且为触发动作
if(readStr.startsWith("_____")) {
    //驱动声光报警器报警
    write("_____"+"\r");
    //弹出报警提示，点击按钮关闭报警
    setDialog("固定报警按钮","_____");
}
```

（3）固定报警按钮解除报警。

```
//判断报警设备是否为固定报警按钮且为解除动作
if(readStr.startsWith("_____")) {
    //解除声光报警器报警
    write("_____"+"\r");
}
```

（4）报警提示对话框源代码。

```
public void setDialog(String news,final String order){
final Builder builder=new AlertDialog.Builder(MainActivity.this);
    builder.setTitle("报警提示");
    builder.setMessage(news+"正在报警……");
    builder.setPositiveButton("关闭报警器",new AlertDialog.OnClickListener() {
    public void onClick(DialogInterface dialog, int which) { write
(order+"\r");}
    });
builder.create().show();
}
```

组建安防消防系统

【学习目标】

- 设计安防消防系统并仿真运行。
- 掌握门磁传感器、烟雾探测器和水浸传感器的安装与连接。
- 掌握 ZigBee 通信节点和智能终端的数据配置与组网。
- 掌握继电器模块多路输出控制的方法。
- 实现并测试安防消防系统逻辑功能。

任务 5.1　系统分析与设计

5.1.1　安防消防系统功能

安防消防系统以门磁传感器、烟雾探测器和水浸传感器为检测设备，以声光报警、直流电机、电风扇和 LED 灯为被控输出设备。门磁传感器、烟雾探测器或水浸传感器被触发后，检测信号以无线方式送入智能终端控制器。智能终端识别报警信号后在屏幕上弹出报警对话框，通过继电器启动输出设备。具体功能要求如下：

（1）门磁传感器被触发后声光报警，点亮 LED 灯照明，不启动直流电机和电风扇。

（2）烟雾探测器被触发后声光报警，打开电风扇排烟，不启动 LED 灯和直流电机。

（3）水浸传感器被触发后声光报警，启动直流电机排水，不启动 LED 灯和电风扇。

单击智能终端屏幕上报警对话框中的"确认"按钮可解除声光报警、熄灭 LED 灯并使直流电机和电风扇停止工作。

5.1.2　设计安防消防系统

1. 确定系统拓扑结构

安防消防系统由门磁传感器、烟雾探测器、水浸传感器、ZigBee 通信节点、智能终端、继电器模块、声光报警器、电风扇、直流电机和 LED 灯组成，如图 5-1 所示。各个器件的连接方式如下：

（1）门磁传感器与 ZigBee 通信节点之间：开关量有线连接。

（2）烟雾探测器与 ZigBee 通信节点之间：开关量有线连接。

（3）水浸传感器与 ZigBee 通信节点之间：开关量有线连接。

（4）ZigBee 通信节点与智能终端之间：ZigBee 无线连接。

（5）智能终端与继电器模块之间：RS-485 有线连接。

（6）继电器模块与声光报警器之间：开关量有线连接。

（7）继电器模块与 LED 灯之间：开关量有线连接。

（8）继电器模块与电风扇之间：开关量有线连接。

（9）继电器模块与直流电机之间：开关量有线连接。

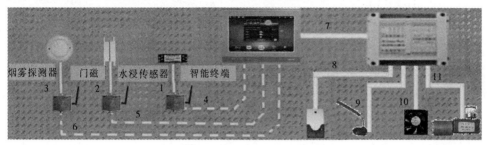

图 5-1 安防消防系统的结构

2. 分析系统逻辑功能

安防消防系统有 3 个功能事件，即"门开了""着火了"和"漏水了"，它们的响应分别为"声光报警并点亮 LED 灯""声光报警并启动电风扇"和"声光报警并启动直流电机"，如表 5-1 所示。

表 5-1 安防消防系统事件和响应

事件名称	响应动作
门开了	声光报警并点亮 LED 灯
着火了	声光报警并启动电风扇
漏水了	声光报警并启动直流电机

3. 系统设计与仿真运行

（1）登录仿真软件 QZT-3000 设计子系统，按图 5-1 所示向设计区域中添加组件和连接线。其中，门磁传感器、烟雾探测器和水浸传感器与 ZigBee 通信节点之间采用银色实线连接，表示输入信号线；ZigBee 通信节点与智能终端之间采用银色虚线连接，表示使用无线通信方式；智能终端与继电器模块之间以及继电器模块与声光报警器、LED 灯、电风扇和直流电机之间采用黄色实线连接，表示输出控制线。

（2）分别定义"亮灯""排烟"和"排水"3 个动画序列，参数如表 5-2 所示。

表 5-2 动画序列参数

序列名称	组件列表	开始时间/ms	持续时间/ms
亮灯	门磁传感器	0	1 000
	连接线 2	1 000	1 000
	ZigBee 通信节点 1	2 000	1 000
	连接线 2	3 000	1 000
	智能终端	4 000	1 000
	连接线 7	5 000	1 000
	继电器模块	6 000	1 000
	连接线 8、9	7 000	1 000
	声光报警器、LED 灯	8 000	1 000

续表

序列名称	组件列表	开始时间/ms	持续时间/ms
排烟	烟雾探测器	0	1 000
	连接线 3	1 000	1 000
	ZigBee 通信节点 2	2 000	1 000
	连接线 6	3 000	1 000
	智能终端	4 000	1 000
	连接线 7	5 000	1 000
	继电器模块	6 000	1 000
	连接线 8、10	7 000	1 000
	声光报警器、电风扇	8 000	1 000
排水	水浸传感器	0	1 000
	连接线 1	1 000	1 000
	ZigBee 通信节点 3	2 000	1 000
	连接线 4	3 000	1 000
	智能终端	4 000	1 000
	连接线 7	5 000	1 000
	继电器模块	6 000	1 000
	连接线 8、11	7 000	1 000
	声光报警器、直流电机	8 000	1 000

（3）定义"门开了"、"着火了"和"漏水了"3 个事件，并分别与动画序列"亮灯"、"排烟"和"排水"相关联。

（4）登录仿真软件 QZT-3000 运行子系统，在运行区域右击，弹出系统事件菜单，分别单击"门开了"、"着火了"和"漏水了"命令，触发播放"亮灯""排烟"和"排水"动画序列。

任务 5.2　设备安装与配置

5.2.1　安装门磁传感器

1. 门磁传感器的功能及特性

门磁是用来探测门、窗、抽屉等是否被非法打开或移动的传感器，由大小两部分组成。较小的部件为"永磁体"，内部有一块永久磁铁，用来产生恒定的磁场；较大的部件是"门磁主体"，内部有一个常开型干簧管，当永磁体和干簧管靠得很近时（小于 5 mm），门磁传感器处于工作守候状态，此时传感器的 2 个触点端子闭合；当永磁体离开干簧管一定距离后，传感器的触点端子处于开路状态。

2. 门磁传感器的结构与安装

门磁传感器外形如图 5-2 所示。将 2 个干簧管触点端子用导线连接在继电器模块的输入口或通信节点 IO 输入端口上。用 M3 螺钉分别穿过门磁主体的两个安装孔，并在每根螺钉上装两个 M3 六角螺母，其中一个螺母紧贴外壳底面，两个螺母之间留 2 mm 空隙。将空隙卡入网孔板雨滴孔中，然后将永磁铁放在门磁主体上，即完成了安装。

图 5-2　门磁传感器的结构

3. 门磁传感器的应用举例

假设门磁传感器接在继电器模块输入口 1，继电器自动上报功能已打开，并通过 RS-485 与智能终端连接。当有报警时，继电器模块向智能终端发送"AT+AA_RS485RX=0102010FE18C"；当报警解除时，继电器模块向智能终端发送"AT+AA_RS485RX=0102010E204C"。

假设门磁传感器接在了 ZigBee 通信节点（模块地址为 Z0011），当有报警时，ZigBee 通信节点向智能终端发送"AT+AA_Z_RX_DT=Z0011,5,1"；当报警解除时，ZigBee 通信节点向智能终端发送"AT+AA_Z_RX_DT=Z0011,5,0"。

5.2.2　安装烟雾探测器

1. 烟雾探测器的功能及特性

烟雾探测器采用烟雾颗粒感应原理实现对烟雾的探测。探测器内为一个光学迷宫，并安装有红外对管。无烟时接收管收不到发射管发出的红外光；当烟尘进入光学迷宫后，发射管发射的光会产生漫射，接收管接收到漫射光后阻抗发生变化，从而产生电流，实现了烟雾信号到电信号的转变。探测器对产生的信号进行识别，判断是否需要发出报警。烟雾探测器对缓慢阴燃或明燃产生的可见烟雾，有较好的反应。适用于住宅、商场、宾馆以及仓库等室内环境的烟雾监测，但不适用于有大量粉尘、水雾滞留的场所。

烟雾探测器为非编码型器件，工作时直接接入直流电源即可工作。正常状态时，工作指示灯闪烁。报警时，报警指示灯非常亮。探测器具有一对开关量输出触点，输出常开和常闭可通过拨码开关选择。具体特性包括：

（1）可断电复位和自动复位。

（2）红外光电传感器。

（3）智能逻辑控制，滤除各种误报。

（4）LED 指示报警。

（5）防尘、防虫、抗白光干扰设计。

（6）金属屏蔽罩。

（7）抗射频干扰（20V/m-1GJz）。

2. 烟雾探测器的工作环境要求

（1）工作温度：-10～+50℃。

（2）环境湿度：最大 95%RH（无凝结现象）。

（3）工作电压：DC 12 V。

（4）静态电流：≤5 mA（DC 12 V 时）。

（5）报警电流：≤20 mA（DC 12 V 时）。

（6）覆盖区域：当空间高度为 6～12 m，一般保护 80 m^2 现场，空间高度为 6 m 以下时保护面积为 60 m^2（具体参数应以火灾自动报警系统设计规范 GB50116–98 为准）。

（7）灵敏度等级：一级。

3. 烟雾探测器的结构与安装

烟雾探测器的结构如图 5-3～图 5-5 所示，尺寸为 104 mm（直径）×51 mm（高度）。从外观看烟雾探测器，由"探测器本体"和"探测器底座"两部分组成。探测器本体上部有防尘网、工作指示灯、报警指示灯，本体底部有工作模式开关、定位凸起和 4 个触点；探测器底座安装有固定孔、定位凹槽和 4 个接点。烟雾探测器的安装步骤如下：

图 5-3　烟雾探测器外部整体结构

图 5-4　烟雾探测器本体仰视图

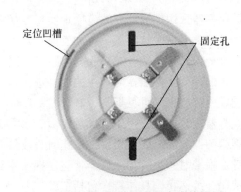

图 5-5　烟雾探测器底座俯视图

（1）两手分别抓住探测器本体和底座逆时针旋转至不能再转动，然后分开本体和底座，底座 4 个接点边标有编号，"1"和"2"接电源线（注意为直流 12 V 且无需区分极性），"3"和"4"为报警输出接点。将电源线和信号线穿过底座中心的电缆孔，分别接到 4 个接点上。

（2）将两个 M4 螺钉分别从底座内侧两个安装孔中穿过，在每根螺钉上安装两个 M4 六角螺母，其中一个螺母紧贴底座外壁，两个螺母之间留 2 mm 空隙。将空隙卡入网孔板的水滴形安装孔中固定好。

（3）打开探测器本体底部的小盖，露出工作模式开关，其中开关 1 控制探测器输出状态，开关 2 控制探测器复位方式，如表 5-3 所示。开关 1 和开关 2 默认设置均为 OFF。

表 5-3　烟雾探测器工作模式的设置

开关状态	开关 1 功能	开关 2 功能
ON	输出为常开	上电复位
OFF	输出为常闭	自动复位

① 开关 1 设为 ON，探测器输出为常开状态，即无报警时探测器输出接点间断开，又无报警时探测器输出接点间闭合；开关 1 设为 OFF，探测器输出为常闭状态，即无报警时探测器输出接点间闭合，又无报警时探测器输出接点间断开。

② 开关 2 设为 ON，探测器采用上电复位；开关 2 设为 OFF，探测器采用自动复位。这里"上电复位"指报警源消失之后，探测器仍保持报警输出直到断电后重新加电；"自动复位"是指报警源消失后，探测器自动解除报警输出。

（4）将探测器本体底面的定位凸点对准安装底座的定位凹槽合在一起，顺时针旋转到不能再转动即完成探测器的安装。

4. 烟雾探测器的应用举例

烟雾探测器的输出既可接在继电器模块的输入口，也可接在网络通信模块的 IO 输入端上。当探测器状态发生变化时，可通过继电器或者通信节点向智能终端发送相关信息。

假设将探测器的工作模式设为常闭输出、自动复位，探测器接在继电器模块的输入口 1，正确配置继电器 RS485 和智能终端的连接，打开继电器模块的主动上报功能。有告警时，继电器模块自动向智能终端发送"AT+AA_RS485RX=0102010FE18C"；告警解除时，继电器模块自动向智能终端发送"AT+AA_RS485RX=0102010E204C"。

假设探测器接在 ZigBee 通信节点（模块地址为 Z0010）上，ZigBee 通信节点与智能终端建立了正确的网络连接，打开 ZigBee 通信节点主动上报功能。有告警时，ZigBee 通信节点自动向智能终端发送"AT+AA_Z_TX_DT=Z0010, 5, 1"；告警解除时，ZigBee 通信节点自动向智能终端发送"AT+AA_Z_TX_DT=Z0010, 5, 0"。

5.2.3　安装水浸传感器

1. 水浸传感器的功能及特性

水浸控制器由水浸探头和检测器组成，当水浸探头被水浸湿时，检测器输出开关量信号。水浸传感器可防止水冷空调或者厨卫设施造成的漏水事故，适用于家庭、通信基站、计算机房、仓库、地下室等场所。可根据需要增加浸水探头的数量，多只浸水探头可并联使用。具体特性包括：

（1）报警方式：当浸水线被水浸湿时，检测器立即输出开关量信号。

（2）探头类型：电极探测式，触发阻抗 ≤ 3 MΩ。

（3）浸水高度 ≥ 0.5 mm。

（4）输出形式：无源开关量，常开、常闭输出。

（5）工作电压：DC 12 V 供电（区分正负极）。

2. 水浸传感器的工作环境要求

（1）工作温度：−10～+60 ℃。

（2）存储温度：–30～+80 ℃。

（3）相对湿度：≤90%（无凝结）。

3. 水浸传感器的结构与安装

水浸传感器外形尺寸为 130 mm（长）×45 mm（宽）×25 mm（高），如图 5-6 所示。图中①为电源的正极；②为电源的负极；③和④为水浸探头导线连接点，不区分极性；⑤为常开信号输出端；⑥为常闭信号输出端；⑦是信号输出公共端。输出信号可连至继电器模块或 ZigBee 通信节点的输入端上。当探头检测到水时，输出信号会发生跳转。水浸传感器采用 DIN35 mm 导轨安装，其安装方法与继电器模块导轨安装相同。

图 5-6　水浸传感器的结构

4. 水浸传感器的应用举例

假设探测器的常闭信号接在继电器模块的输入口 2，并正确连接继电器开关量输入公共端和电源，智能终端与继电器模块通过 RS-485 信号连接，继电器的主动报警功能已开启。探测器发出水浸报警时，继电器模块自动向智能终端发送"AT+AA_RS485RX=0102010D604D"；报警解除时，继电器模块自动向智能终端发送"AT+AA_RS485RX=0102010FE18C"。

假设探测器的常闭信号接在 ZigBee 通信节点（模块地址为 Z0031）上，并且该 ZigBee 通信节点与智能终端建立了正确的网络连接，通信节点的主动上报功能开启。发生水浸报警时，ZigBee 通信节点自动向智能终端发送"AT+AA_Z_TX_DT=Z0031,5,1"；报警解除时，ZigBee 通信节点自动向智能终端发送"AT+AA_Z_TX_DT=Z0031,5,0"。

5.2.4　安装 LED 灯

1. LED 灯的外形及特性

LED 灯的外形如图 5-7 所示，具体特性包括：

（1）工作电压：DC 5 V。

（2）工作电流：≤10 mA。

图 5-7　LED 灯的外形

2. LED 灯的应用举例

将 LED 灯与电源和继电器模块连接，+5 V 线为正极，Gnd 线为负极，如图 5-8 所示。假设继电器地址为 0x01，从智能终端上向继电器发"AT+AA_RS485TX=01050010FF008DFF"指令可打开 LED 灯；发送指令"AT+AA_RS485TX=010500100000CC0F"可关闭 LED 灯。

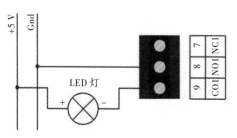

图 5-8 LED 灯与电源和继电器连接

5.2.5 安装电风扇

1. 电风扇的功能及特性

（1）无刷直流风扇。

（2）供电电源：DC 12 V。

（3）噪声小。

2. 电风扇的工作环境要求

（1）工作温度：–10～+60℃。

（2）存储温度：–30～+80℃。

（3）相对湿度：≤90%（无凝结）。

3. 电风扇的结构与安装

电风扇外形尺寸为 80 mm（长）×80 mm（宽）×25 mm（高），如图 5-9 所示。将两个 M4 螺钉分别穿入风扇对角的两个安装孔中，在每根螺钉上各装两个 M4 六角螺母，其中一个螺母紧贴风扇表面，两个螺母之间留 2 mm 空隙。将空隙卡入网孔板雨滴孔中即完成了安装。

4. 电风扇的应用举例

将电风扇与电源和继电器模块连接，+12 V 线为正极，Gnd 线为负极，如图 5-10 所示。假设继电器地址为 0x01，智能终端向继电器发送"AT+AA_RS485TX=01050010FF008DFF"指令可打开风扇；发送指令"AT+AA_RS485TX=010500100000CC0F"可关闭风扇。

图 5-9 电风扇的结构

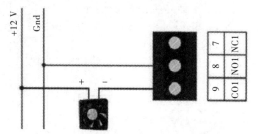

图 5-10 电风扇与电源和继电器连接

5.2.6 安装直流电机

1. 直流电机的功能及特性

（1）蜗轮蜗杆减速电机。

（2）减速比：1∶100。

（3）额定转矩：1 kg·cm。

（4）空载转速：66rpm。

（5）工作电压：DC 12 V。

（6）堵转电流：1 000 mA。

（7）堵转转矩：4.5 kg·cm。

2. 直流电机的结构与安装

直流电机的外形如图 5-11 所示。用两个 M3 螺钉将电机固定在安装支架上，将电机和支架卡在操作台网孔板上，用导线将电机与电源端子以及继电器模块输出端连在一起，电机引脚与电源连接的极性决定了电机转动的方向。

图 5-11　直流电机的结构

5.2.7　配置 ZigBee 通信节点

1. ZigBee 网络的组网条件

（1）一个 ZigBee 网络必须具有一个唯一的协调器，至少有一个路由器。

（2）组网中各 ZigBee 通信节点和智能终端的 ZigBee 模块具有相同的 CHANNEL。

（3）组网中各 ZigBee 通信节点和智能终端的 ZigBee 模块具有相同的 PAN_ID。

2. 设置 ZigBee 通信节点参数

安防消防系统中共使用了 3 个 ZigBee 通信节点，分别连接门磁传感器、烟雾探测器和水浸传感器，并与智能终端组成 ZigBee 网络。与门磁传感器、烟雾探测器和水浸传感器相连接的 ZigBee 通信节点硬件地址依次为"Z0010""Z0011"和"Z0012"。下面以门磁传感器 ZigBee 通信节点为例说明配置过程。

使用串口线连接 ZigBee 通信节点和 PC，并接通电源。打开 PC 上的串口工具，设置串口参数为 19 200 bit/s，8 位数据位，无奇偶校验位，1 位停止位。通过指令完成配置。

（1）设置 ZigBee 通信节点的工作模式为非透传模式。

```
AT+AZ_BASE_WORKMODE=0,2<CR>
```

（2）设置 ZigBee 通信节点的类型为路由器。

```
AT+AZ_Z_NODE=R<CR>
```

（3）设置 ZigBee 通信节点的硬件地址。

```
AT+AZ_BASE_ADDRESS=0,Z0010<CR>
```

（4）设置 ZigBee 通信节点的 PAN_ID。

```
AT+AZ_Z_PAN_ID=001A<CR>
```

（5）设置 ZigBee 通信节点的 CHANNEL，默认为 15，一个网络内的 CHANNEL 要保持一致。

```
AT+AZ_Z_CHANNEL=15<CR>
```

（6）设置 ZigBee 通信节点的 IO 状态为主动上报。

```
AT+AZ_BASE_REPORTED=0,Y<CR>
```

5.2.8　配置智能终端

智能终端内有 ZigBee、蓝牙、RF315M/433M、CAN、RS-485 共 5 类通信模块，在使用之前需要进行各自的配置。安防消防系统中智能终端分别与门磁传感器、烟雾探测器和水浸传感器连接的 ZigBee 通信节点通过 ZigBee 无线方式组网，因此需要对智能终端的 ZigBee 通信模块进行设置。

1. 设定智能终端工作状态

智能终端侧面的 SW 开关拨到左边为运行状态，拨到右侧为编程状态。智能终端可平放在工程操作台面上，也可通过背面葫芦孔挂接在工程操作台网孔板上。

2. 设置智能终端 ZigBee 模块参数

（1）设置智能终端 ZigBee 模块的类型为协调器。

AT+AA_Z_NODE=C<CR>

（2）设置智能终端 ZigBee 模块的 PAN_ID。

AT+AA_Z_PAN_ID=001A<CR>

（3）设置智能终端 ZigBee 模块的 CHANNEL。

AT+AA_Z_CHANNEL=15<CR>

5.2.9　安装继电器模块

在安防消防系统中，声光报警器、LED 灯、电风扇和直流电机分别连接到继电器模块的第 1 路～第 4 路输出控制上。继电器模块通过 RS-485 接收来自智能终端的指令，实现对输出端口上所连声光报警器、LED 灯、电风扇和直流电机的控制。继电器模块和声光报警器的安装及使用方法可参考单元 4。

任务 5.3　功能调试与检测

5.3.1　调试安防消防系统功能

1. 导入原始工程

启动 Eclipse 软件，单击"File"→"Import"命令将"老人看护系统（智能终端例程）"工程导入 Eclipse 中，具体步骤与单元 4 相同，此处不再赘述。

2. 修改工程代码

根据安防消防系统逻辑功能和实际设备的地址及连接端口修改"老人看护系统（智能终端例程）"MainActivity 中的相关代码。此处设定门磁传感器连接的 ZigBee 通信节点地址为"Z0010"，使用 ZigBee 方式与智能终端通信；烟雾探测器连接的 ZigBee 通信节点地址为"Z0011"，使用 ZigBee 方式与智能终端通信；水浸传感器连接的 ZigBee 通信节点地址为"Z0012"，使用 ZigBee 方式与智能终端通信；智能终端通过 RS-485 有线连接继电器；继电器的第一路输出连接声光报警器，第二路输出连接 LED 灯，第三路输出连接电风扇，第四路输出连接直流电机。参考代码如下：

（1）门磁传感器触发报警。

```
//判断报警设备是否为门磁传感器且为触发动作
if(readStr.startsWith("AT+AA_Z_RX_DT=Z0010,5,1")) {
    //驱动声光报警器报警
    write("AT+AA_RS485TX=01050010FF008DFF"+"\r");
```

```
        //点亮 LED 灯
        write("AT+AA_RS485TX=01050011FF00DC3F"+"\r");
        //弹出报警提示对话框，单击按钮关闭报警
        setDialog("门磁传感器","AT+AA_RS485TX=010F001000040100FF55");
    }
```

（2）门磁传感器解除报警。

```
    //判断报警设备是否为门磁传感器且为解除动作
    if(readStr.startsWith("AT+AA_Z_RX_DT=Z0011,5,0")) {
        //解除声光报警器报警
        write("AT+AA_RS485TX=010500100000CC0F"+"\r");
        //熄灭 LED 灯
        write("AT+AA_RS485TX=0105001100009DCF"+"\r");
    }
```

（3）烟雾探测器触发报警。

```
    //判断报警设备是否为烟雾探测器且为触发动作
    if(readStr.startsWith("AT+AA_Z_RX_DT=Z0011,5,1")) {
        //驱动声光报警器报警
        write("AT+AA_RS485TX=01050010FF008DFF"+"\r");
        //启动电风扇
        write("AT+AA_RS485TX=01050012FF002C3F"+"\r");
        //弹出报警提示对话框，单击按钮关闭报警
        setDialog("烟雾探测器","AT+AA_RS485TX=010F001000040100FF55");
    }
```

（4）烟雾探测器解除报警。

```
    //判断报警设备是否为烟雾探测器且为解除动作
    if(readStr.startsWith("AT+AA_Z_RX_DT=Z0011,5,0")) {
        //解除声光报警器报警
        write("AT+AA_RS485TX=010500100000CC0F"+"\r");
        //关闭电风扇
        write("AT+AA_RS485TX=0105001200006DCF"+"\r");
    }
```

（5）水浸传感器触发报警。

```
    //判断报警设备是否为水浸传感器且为触发动作
    if(readStr.startsWith("AT+AA_Z_RX_DT=Z0012,5,1")) {
        //驱动声光报警器报警
        write("AT+AA_RS485TX=01050010FF008DFF"+"\r");
        //启动直流电机
        write("AT+AA_RS485TX=01050013FF007DFF"+"\r");
        //弹出报警提示对话框，单击按钮关闭报警
        setDialog("水浸传感器","AT+AA_RS485TX=010F001000040100FF55");
    }
```

（6）水浸传感器解除报警。

```
    //判断报警设备是否为水浸传感器且为解除动作
    if(readStr.startsWith("AT+AA_Z_RX_DT=Z0012,5,0")) {
        //解除声光报警器报警
        write("AT+AA_RS485TX=010500100000CC0F"+"\r");
        //关闭直流电机
        write("AT+AA_RS485TX=0105001300003C0F"+"\r");
    }
```

（7）报警提示对话框源代码。

```
public void setDialog(String news,final String order){
    final Builder builder = new AlertDialog.Builder(MainActivity.this);
    builder.setTitle("报警提示");
    builder.setMessage(news+"正在报警……");
    builder.setPositiveButton("关闭报警器",new AlertDialog.OnClickListener() {
        public void onClick(DialogInterface dialog, int which) { write
(order+"\r");}
        });
    builder.create().show();
}
```

3. 发布工程文件

在 Eclipse 软件中右击"Package Explorer"窗口中的"老人看护系统（智能终端例程）"工程，在弹出的菜单中选择"Run As"→"Android Application"命令，运行应用程序。选择实际设备，将修改后的工程文件发布到智能终端上。

5.3.2 检测安防消防系统功能

1. 测试门磁传感器报警功能

（1）拿开门磁传感器的"永磁体"后，声光告警器声光报警，LED 灯点亮。

（2）智能终端屏幕上弹出报警对话框，显示报警源"门磁传感器"。

（3）单击报警对话框上的"OK"按钮后，声光报警器停止报警，LED 灯熄灭。

2. 测试烟雾探测器报警功能

（1）拿开烟雾探测器的"探测器本体"后，声光报警器声光报警，电风扇开始转动。

（2）智能终端屏幕上弹出报警对话框，显示报警源"烟雾探测器"。

（3）单击报警对话框上的"OK"按钮后，声光报警器停止报警，电风扇停止转动。

3. 测试水浸传感器报警功能

（1）短路水浸传感器"水浸探头"的触点后，声光报警器声光报警，直流电机开始转动。

（2）智能终端屏幕上弹出报警对话框，显示报警源"水浸传感器"。

（3）单击报警对话框上的"OK"按钮后，声光报警器停止报警，直流电机停止转动。

思考与练习

1. RS-232 传输信号采用什么方式，"发射""接收"和"地线"分别是 9 针插头的第几针？RS-485 传输信号采用什么方式，"D+"和"D-"分别是 9 针插头的第几针？

2. 如果同一套移动互联设备硬件地址中间 3 位为"001"，则这套设备中 ZigBee 通信节点的 PAN_ID 设置范围是多少。

3. 安装并连接安防消防系统各种设备，画出系统结构图。

4. 调试程序实现安防消防功能，补充完整以下关键语句：

【说明】门磁传感器连接的 ZigBee 通信节点地址为"Z0010"，使用 ZigBee 方式与智能终端通信；烟雾探测器连接的 ZigBee 通信节点地址为"Z0011"，使用 ZigBee 方式与智能终端通信；水浸传感器连接的 ZigBee 通信节点地址为"Z0012"，使用 ZigBee 方式与智能终端通信；智能终端通过 RS-485 有线连接继电器；继电器的第一路输出连接声光报警器，第二路输出连接 LED 灯，第三路输出连接电风扇，第四路输出连接直流电机。

（1）门磁传感器触发报警。

```
//判断报警设备是否为门磁传感器且为触发动作
if(readStr.startsWith("_____")) {
    //驱动声光报警器报警
    write("_____"+"\r");
    //点亮 LED 灯
    write("_____"+"\r");
    //弹出报警提示对话框，单击按钮关闭报警
    setDialog("门磁传感器","_____");
}
```

（2）门磁传感器解除报警。

```
//判断报警设备是否为门磁传感器且为解除动作
if(readStr.startsWith("_____")) {
    //解除声光报警器报警
    write("_____"+"\r");
    //熄灭 LED 灯
    write("_____"+"\r");
}
```

（3）烟雾探测器触发报警。

```
//判断报警设备是否为烟雾探测器且为触发动作
if(readStr.startsWith("_____")) {
    //驱动声光报警器报警
    write("_____"+"\r");
    //启动电风扇
    write("_____"+"\r");
    //弹出报警提示对话框，单击按钮关闭报警
    setDialog("烟雾探测器","_____");
}
```

（4）烟雾探测器解除报警。

```
//判断报警设备是否为烟雾探测器且为解除动作
if(readStr.startsWith("_____")) {
    //解除声光报警器报警
    write("_____"+"\r");
    //关闭电风扇
    write("_____"+"\r");
}
```

（5）水浸传感器触发报警。

```
//判断报警设备是否为水浸传感器且为触发动作
if(readStr.startsWith("_____")) {
    //驱动声光报警器报警
    write("_____"+"\r");
    //启动直流电机
    write("_____"+"\r");
    //弹出报警提示对话框，单击按钮关闭报警
    setDialog("水浸传感器","_____");
```

```
}
```

（6）水浸传感器解除报警。

```
//判断报警设备是否为水浸传感器且为解除动作
if(readStr.startsWith("_____")) {
    //解除声光报警器报警
    write("_____"+"\r");
    //关闭直流电机
    write("_____"+"\r");
}
```

（7）报警提示对话框源代码。

```
public void setDialog(String news,final String order){
final Builder builder = new AlertDialog.Builder(MainActivity.this);
    builder.setTitle("报警提示");
    builder.setMessage(news+"正在报警……");
    builder.setPositiveButton("关闭报警器",new AlertDialog.OnClickListener() {
    public void onClick(DialogInterface dialog, int which) { write
(order+"\r");}
    });
builder.create().show();
}
```

单元 6

→ 组建视频监控系统

【学习目标】

- 设计视频监控系统并仿真运行。
- 掌握 LED 点阵屏和网络摄像头的安装与连接。
- 掌握无线路由器的配置与无线组网。
- 掌握网络摄像头转动的控制方法。
- 实现并测试视频监控系统逻辑功能。

任务 6.1 系统分析与设计

6.1.1 视频监控系统功能

视频监控系统以网络摄像头作为探测设备，以个人计算机、智能终端和 LED 点阵屏作为输出端，实现视频监控及信息展示。摄像头、个人计算机和智能终端通过无线路由器组成计算机局域网络，摄像头采集的视频图像实时显示在个人计算机显示器和智能终端液晶屏上。同时，使用个人计算机或智能终端可操控摄像头上下左右转动，实现多角度巡视。通过个人计算机可修改 LED 点阵屏显示的内容及方式。具体功能要求如下：

（1）在个人计算机显示器中实时显示网络摄像头采集的视频图像。

（2）在智能终端液晶屏上实时显示网络摄像头采集的视频图像。

（3）使用个人计算机或智能终端操控摄像头上下左右转动。

（4）通过个人计算机修改 LED 点阵屏显示的内容及方式。

6.1.2 设计视频监控系统

1. 确定系统拓扑结构

视频监控系统由网络摄像头、个人计算机、智能终端、LED 点阵屏和无线路由器组成，如图 6-1 所示。各个设备的连接方式如下：

（1）网络摄像头与无线路由器之间：RJ-45 有线连接。

（2）个人计算机与无线路由器之间：RJ-45 有线连接。

（3）智能终端与无线路由器之间：Wi-Fi 无线连接。

（4）个人计算机与 LED 点阵屏之间：RS-232 有线连接。

2. 分析系统逻辑功能

视频监控系统有 2 个功能事件，即"视频监控"和"文字展示"，它们的响应分别为"计算机和智能终端显示图像"以及"LED 点阵屏展示文字",如表 6-1 所示。

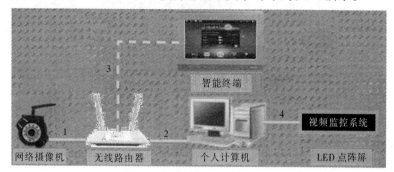

图 6-1 视频监控系统的结构

表 6-1 视频监控系统事件和响应

事件名称	响应动作
视频监控	计算机和智能终端显示图像
文字展示	LED 点阵屏展示文字

3. 系统设计与仿真运行

（1）登录仿真软件 QZT-3000 设计子系统，按图 6-1 所示向设计区域中添加组件和连接线。其中，摄像头与无线路由器之间、无线路由器与个人计算机之间以及个人计算机与 LED 点阵屏之间均采用银色实线连接，表示使用有线通信方式；无线路由器与智能终端之间采用银色虚线连接，表示使用无线通信方式。

（2）分别定义"显示图像"和"展示文字"2 个动画序列，参数如表 6-2 所示。

表 6-2 动画序列参数

序列名称	组件列表	开始时间/ms	持续时间/ms
显示图像	网络摄像头	0	1 000
	连接线 1	1 000	1 000
	无线路由器	2 000	1 000
	连接线 2	3 000	1 000
	个人计算机	4 000	1 000
	连接线 3	3 000	1 000
	智能终端	4 000	1 000
展示文字	个人计算机	0	1 000
	连接线 4	1 000	1 000
	LED 点阵屏	2 000	1 000

（3）定义"视频监控"和"文字展示"2 个事件，并分别与动画序列"显示图像"和"展示文字"相关联。

（4）登录仿真软件 QZT-3000 运行子系统，在运行区域右击，弹出系统事件菜单。分别单击"视频监控"和"文字展示"命令，触发播放"显示图像"和"展示文字"动画序列。

任务 6.2　设备安装与配置

6.2.1　安装网络摄像头

1. 网络摄像头的功能及特性

网络摄像头集成了网络和 Web 服务功能，可以把摄制的视频通过网络传送到任何地方，只需通过 Web 浏览器就可随时访问现场视频。网络摄像头可应用在学校、工厂、家庭、大型卖场等场所，其主要功能包括：

（1）采用 M-JPEG 压缩格式，可选 VGA/QVGA/QQVGA 三种视频分辨率，支持视频参数的调整，适应用户各种浏览要求。

（2）内置麦克风，实现语音采集或远程现场监听；也可外接音箱，远程传送声音至现场，实现双向对讲功能。

（3）自带云台，支持水平 270°、上下 120° 范围转动，外型小巧美观，安装方便，适合各种场合。

（4）内置 Web Server，支持多种网页浏览器观看视频和设定参数。使用一个端口传送所有数据，便于用户进行网络设置。

（5）支持 802.11b/g 协议，可内置 Wi-Fi 模块，灵活组建无线监控环境。

（6）支持 UPNP，在路由器上实现自动端口映射。

（7）支持移动侦测，并可外接报警探测器，实现对现场全方位布防。

（8）外接报警器发出报警通知，并可通过邮件、FTP 以及向报警服务器发送报警信息，实现了多种告警联动。

（9）自带红外灯，支持 5 m 夜视范围，全天候监控。

（10）支持三级用户权限设置。

（11）提供观看、录像、回放等功能。

2. 网络摄像头的技术指标

网络摄像头的主要技术指标如表 6-3 所示。

表 6-3　网络摄像头的技术指标

类　别	子类别	描　述
图像采集	图像传感器	CMOS 传感器
	总像素数	30 万
	最低照度	红外灯开启，0Lx
	镜头	f=3.6 mm，F=2.0，标配红外镜头
展示文字	水平转角	270°
	垂直转角	120°
辅助	照明	10 个 850 nm 红外灯，5 m 有效
	照明控制	通过光敏电阻自动控制
音视频处理	分辨率	640 × 480（VGA）/320 × 240（QVGA）/160 × 120（QQVGA）
	视频压缩格式	MJPEG

续表

类　　别	子类别	描　　述
	最大帧率	30 帧/秒
	码率	128 kbit/s～5 Mbit/s
	图像旋转	镜像/倒置
	字符叠加	支持
	音频压缩格式	ADPCM
网络协议	基本协议	TCP/IP、UDP/IP、HTTP、SMTP、FTP、DHCP、DDNS、UPNP、NTP、PPPOE
	其他协议	802.11b/g
其他特性	视频控制	支持
	双向语音	支持
	移动侦测	支持
	报警动作	外部报警/Email/FTP/向报警服务器发送信息
	用户设置	三级用户权限
	时间/日期设置	支持
	升级	可通过网络升级
	动态域名	厂家提供免费 DDNS
硬件接口	以太网接口	10Base-T/100Base-TX
	告警输入	1 路
	告警输出	1 路
	音频输入	内置麦克风
	音频输出	1 个音频输出插孔
物理指标	重量	245 g
	尺寸	100 mm（长）×99 mm（宽）×118 mm（高）
	电源	DC 5 V
	功耗	<6 W
	工作温度	−20～+50 ℃
	工作湿度	10%～80%无凝结
PC 端软件	操作系统	Microsoft Windows 98/2000/XP/Vista 等
	浏览器	IE6.0 及以上版本或者兼容浏览器 Firefox、Safari 等

3．网络摄像头的外观与接口

　　网络摄像头的外形如图 6-2 所示。图中绿色的指示灯为状态指示灯，设备运行时，慢闪烁（两秒一次），表示设备正在搜索网络；闪烁（每秒一至两次），表示设备使用有线网络；快闪烁（每秒三至四次），表示设备使用无线网络。

　　网络摄像头配备有音频、报警、电源、网络等多种接口，如图 6-3 所示。此外，设备底部安装有复位键，长按 10 s，设备恢复出厂默认值并重新启动。设备出厂默认 IP 地址为192.168.0.178，默认 http 端口为 80。

音频输出　网口　无线　报警输入

图 6-2　网络摄像头的外形　　　　　图 6-3　网络摄像头的接口

4. 网络摄像头的配置与操控

1）连接网络摄像头

可通过局域网连接网络摄像头，如图 6-4 所示。

图 6-4　连接网络摄像头

2）设置网络摄像头

运行 BSearch_cn.exe 搜索软件，查找并设置局域网内的摄像头，如图 6-5 所示。如果计算机中装有防火墙软件，运行 BSearch_cn.exe 时，将提示是否阻止该程序，应选择"不阻止"。

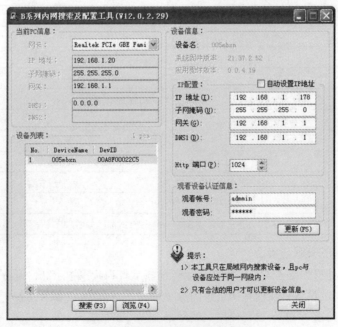

图 6-5　搜索与设置网络摄像头

（1）单击界面左下方的"搜索"按钮，查找局域网内的摄像头。

（2）从界面左侧"设备列表"中选择要使用的网络摄像头。

（3）在界面右侧"IP 配置"中更改摄像头 IP 信息，应注意以下问题：

① 界面左上方"当前 PC 信息"中显示的为当前计算机的信息，如果该计算机中有多个网卡，应选中当前正在使用的网卡。

② 网络摄像头的 IP 地址与计算机的 IP 地址应在同一网段中。网段通过 IP 地址前三个字段来标识。如果当前计算机的 IP 地址为 192.168.1.20,则它只能访问 IP 地址为 192.168.1.1～192.168.1.254 之间的设备。

③ IP 地址的最后一段是主机号,网络摄像头 IP 地址的主机号与当前计算机 IP 地址的主机号不能相同，Http 端口可设为 1 025～65 535 之间的任意值，此处为 1 024。如果要设置局域网内的第 2 个摄像头，则 IP 地址的主机号不能再使用 17，Http 端口值不能再使用 1 024。

（4）输入默认的用户名"admin"和密码"123456"。

（5）单击"更新"按钮，完成设置。

（6）更新成功后，再次单击"搜索"按钮并选中要使用的网络摄像头。单击"浏览"按钮，进入欢迎使用页面，如图 6-6 所示。

3）访问网络摄像头

推荐使用 IE 内核的浏览器观看视频，这样可提供更多的功能，但需要安装专用视频播放器。在欢迎使用页面中单击链接"下载并安装视频播放器（首次使用时）"，弹出"文件下载"对话框，如图 6-7 所示。单击"运行"按钮，自动下载并安装播放器。

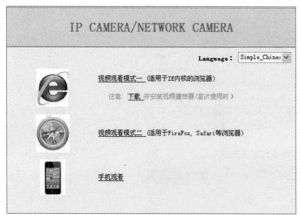

图 6-6 欢迎使用页面

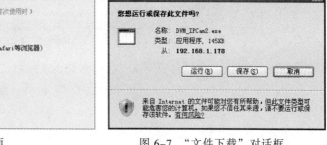

图 6-7 "文件下载"对话框

安装好播放器后，在欢迎使用页面中单击链接"视频观看模式一（适用于 IE 内核的浏览器）"，即可进入视频观看页面，如图 6-8 所示。

（1）主菜单区。主菜单包括"视频浏览""网络设置""报警设置""高级设置"和"设备维护"5 个子菜单，分别实现不同的子菜单功能。

（2）画面数量选择区。右上角为画面数量选择区，最多可同时显示 9 台网络摄像头的视频画面。

（3）画面显示控制区。在视频播放区域选中某个画面，可以对该画面进行播放、停止、录像等操作。这几个视频播放区域上方的一排按钮分别表示启动视频(Play)、停止视频(Stop)、监听（Audio）、对讲（Talk）、录像（Record）以及抓拍图片（Snapshot），可单击这些按钮启动相应的功能，如图 6-8 所示。注意，在开始录像前，应先指定录像保存的路径。可单击视频观看页面上部的"高级设置"标签，选择"其他设置"导航项，进入"其他设置"页面并设置录像保存路径，如图6-9所示。

图6-8　视频观看页面

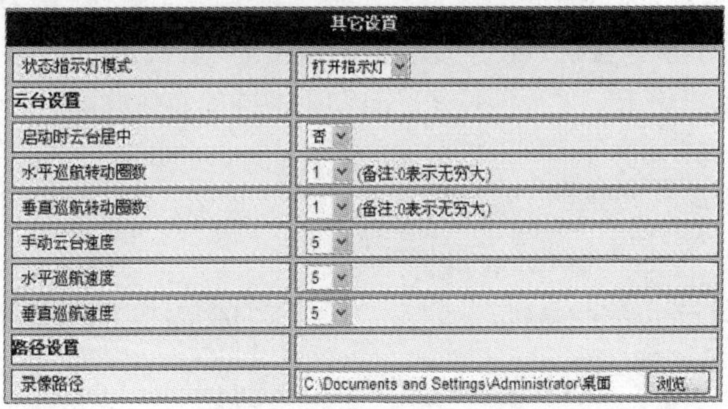

图6-9　设置录像保存路径

（4）云台控制区。在云台控制区，可以根据箭头指示的方向控制云台转动的方向（上、下、左、右、居中、左右巡航、上下巡航、停止），也可以选择设备帧率、分辨率、亮度、对比度等参数。

4）摄像头其他设置

（1）IP地址设置。除了能够用搜索软件设置IP地址外，也可以单击视频观看页面上部的"网络设置"标签，选择"基本网络设置"导航项，进入"基本网络设置"界面，进行IP地址的设置，如图6-10所示。

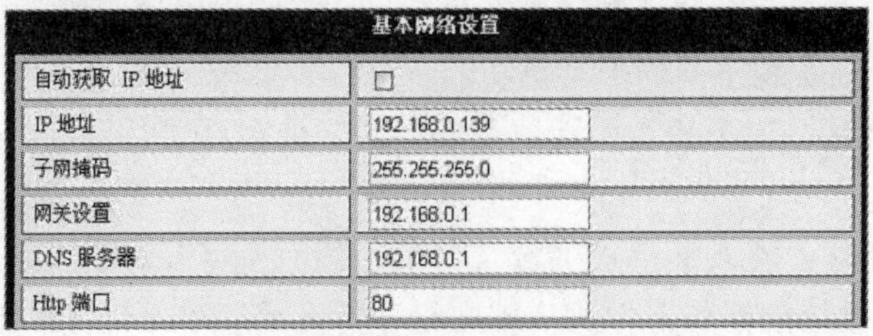

基本网络设置	
自动获取 IP 地址	☐
IP 地址	192.168.0.139
子网掩码	255.255.255.0
网关设置	192.168.0.1
DNS 服务器	192.168.0.1
Http 端口	80

图6-10　"基本网络设置"界面

（2）Wi-Fi设置。如果设备安装了Wi-Fi模块以及天线，可单击视频观看页面上部的"网络设置"标签，选择"无线局域网设置"导航项，进入"无线局域网设置"页面完成Wi-Fi

设置，如图 6-11 所示。多次单击"搜索"按钮，在无线网络列表中将列出搜索到的无线网络。选择其中一个网络，并勾选"使用无线局域网"复选框，将在下面的列表中列出选中无线网络的相关参数。输入密钥，单击"设置"按钮，即可完成无线网络的设置。

无线局域网设置	
无线网络列表	ChinaNet-TbkR[00255e1e5d08] infra WPA/WPA2-PSK TP-LINK_4239F8[940c6d4239f8] infra WPA/WPA2-PSK wifi[001e58f37857] infra WPA/WPA2-PSK netview[002586697046] infra WPA/WPA2-PSK 搜索
使用无线局域网	☑
SSID	wifi
安全模式	WPA2 Personal (AES) ⌄
共享密钥	1234567890

图 6-11 "无线局域网设置"界面

需要注意的是，若设备已连接了网线，并同时启用了 Wi-Fi 功能，则启动后首先选择有线连接方式；如果无法连接，再选择 Wi-Fi 无线方式。Wi-Fi 连接时使用的 IP 地址和端口与用网线连接时使用的 IP 地址和端口一致。设置无线参数之前，应把设备连接上网线，设置成功并重启设备后方可使用无线功能。

（3）用户设置。可单击视频观看页面上部的"高级设置"标签，选择"用户设置"导航项，进入"用户设置"界面并完成用户名称和密码的修改，如图 6-12 所示。

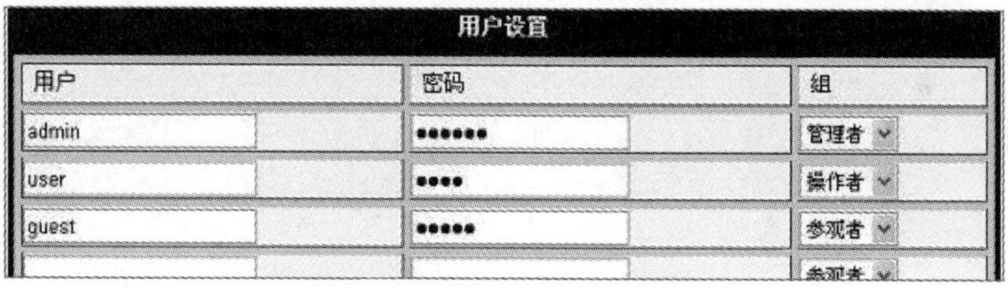

用户设置		
用户	密码	组
admin	••••••	管理者 ⌄
user	••••	操作者 ⌄
guest	•••••	参观者 ⌄
		参观者 ⌄

图 6-12 "用户设置"界面

6.2.2 设置 LED 点阵屏

1. LED 显示屏的特性

（1）显示颜色：红绿双色。

（2）单元板尺寸：256 mm×128 mm。

（3）单元板像素：64×32 点。

（4）像素点直径：3.0 mm。

（5）像素点间距：4.0 mm。

（6）像素组成：1R 1G。

（7）物理密度：62 500 点/m^2。

（8）平均功耗：300 W/m^2。

（9）扫描方式：1/16 。

2. LED 驱动板的特性

（1）控制范围：双色 128×32。

（2）扫描方式：1/16，1/8，1/4，静态。

（3）扫描接口：1 组 8 接口，2 组 12 接口。

（4）通信方式：RS（232）（9 600 bit/s）。

（5）存储空间：2 MB。

（6）扩展接口：温度传感器、定时开关。

3. LED 点阵屏的工作环境要求

（1）工作环境温度：–20～+65 ℃。

（2）存储温度：–30～+80 ℃。

（3）相对湿度：95%（无凝结）。

4. LED 点阵屏的信息发布

用串口线连接点阵屏和计算机，在计算机端通过 LED 显示屏控制软件直接发布信息，操作步骤如下：

（1）打开 LED 显示屏控制软件，进入主界面，如图 6-13 所示。

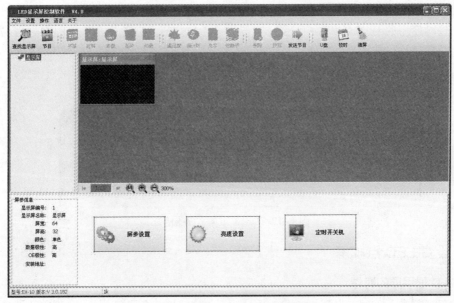

图 6-13　LED 显示屏控制软件界面

（2）单击"屏参设置"按钮，在弹出的"密码认证"对话框中输入密码"168"，单击"确定"按钮，如图 6-14 所示。

图 6-14　"密码认证"对话框

（3）进入"屏参设置"对话框，单击"读取屏参"按钮自动读取屏幕参数，单击"设置屏参"按钮完成屏幕参数的设置，如图 6-15 所示。

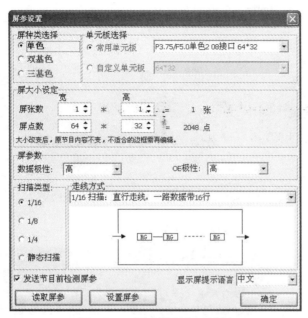

图 6-15 "屏参设置"对话框

（4）关闭"屏参设置"对话框，单击工具栏中的"节目"和"字幕"按钮，添加节目和字幕。在右下方文本编辑区中输入要显示的文字"视频监控系统"，并设置字体、颜色等属性。在左下方特效设置区中设定进入方式、运行速度等动画参数，如图 6-16 所示。

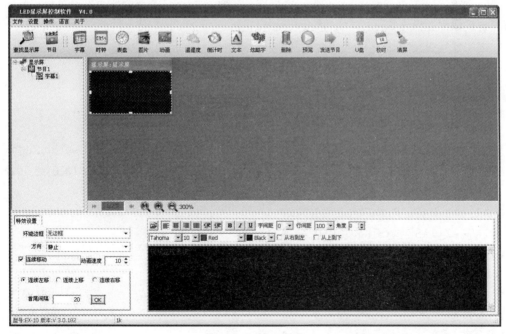

图 6-16 输入文字

（5）单击工具栏中的"发送节目"按钮，系统提示正在发送数据，如图 6-17 所示。发送数据前可单击"预览"按钮预览显示效果。

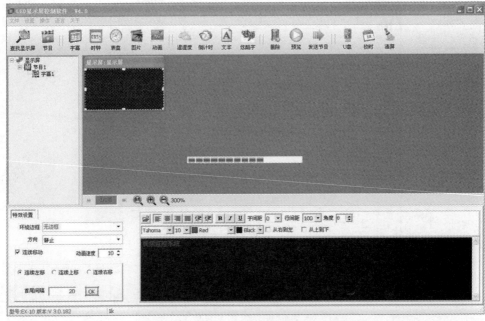

图 6-17　发送数据

5. LED 点阵屏的应用举例

本实例为通过 ZigBee 远程连接点阵屏发布信息。用 ZigBee 方式控制点阵屏需要使用两个 ZigBee 通信节点，一个作为协调器通过串口与 PC 相连接，一个作为路由器通过串口与点阵屏相连接。配置操作如下：

（1）配置作为路由器的 ZigBee 通信节点。

① AT+AZ_BASE_WORKMODE=0,2<CR>。

② AT+AZ_Z_CHANNEL=15<CR>。

③ AT+AZ_Z_NODE=R<CR>。

④ AT+AZ_Z_PAN_ID=102A<CR>。

注意：为了减少不必要的干扰，PAN_ID 与 ZigBee 通信节点的硬件地址相关，例如，ZigBee 通信节点的地址为 Z1023，则该模块能够正常设置和操作的 PAN_ID 范围是从 1020 到 102F 的共 16 个 PAN_ID 地址。

⑤ AT+AZ_BASE_REPORTED=0,N<CR>。

⑥ AT+AZ_BASE_WORKMODE=0,3<CR>。

（2）配置作为协调器的 ZigBee 通信节点。

① AT+AZ_BASE_WORKMODE=0,2<CR>。

② AT+AZ_Z_CHANNEL=15<CR>。

③ AT+AZ_Z_NODE=C<CR>。

④ AT+AZ_Z_PAN_ID=102A<CR>，和路由器一致。

⑤ AT+AZ_BASE_REPORTED=0,N<CR>。

⑥ AT+AZ_BASE_WORKMODE=0,4<CR>。

注意：不要断电或重启作为协调器的 ZigBee 通信节点。

（3）向 LED 点阵屏发布信息。

把作为路由器的 ZigBee 通信节点通过串口线和点阵屏相连接，接上 ZigBee 通信节点的电源。等待路由器上的网络和通信指示灯一直长亮时表明已经加入了协调器建立的网络。打开 LED 显示屏控制软件 V4.0（软件的默认密码为"888"或"168"），新建节目并发送数据，协调器上的运行指示灯快速闪烁时表明协调器正在向点阵屏发送数据，协调器上的运行指示灯恢复正常闪烁时表明所有的数据传输完成。整个数据的传输过程（协调器上的运行指示灯）需要的时间和要传输的数据量有关系，传输的数据建议不要超过 10 个 24 号字体大小的汉字传输（10 个 24 号字体大小的汉字传输约 40 s）。

6.2.3　配置无线路由器

1. 无线局域网和 Wi-Fi 技术

1）无线局域网

无线局域网（Wireless Local Area Network，WLAN）是通过无线通信技术将计算机设备互联起来，构成可以互相通信和实现资源共享的网络体系。无线局域网本质的特点是不再使用通信电缆将计算机与网络连接起来，而是通过无线的方式连接，从而使网络的构建和终端的移动更加灵活。802.11 是 IEEE 为无线局域网定义的一个传输标准，此后这一标准又不断得到补充和完善，形成 802.11X 标准系列。其中，主要的传输标准为 802.11b/a/g/n，具体说明如下：

（1）802.11b。其工作频段为 2.4 GHz，最大数据传输速率可达 11 Mbit/s，根据实际需要，传输速率可降低为 11、5.5、2 或 1 Mbit/s。

（2）802.11a。其工作频段为 5 GHz，最大数据传输速率可达 54 Mbit/s，根据实际需要，传输速率可降低为 48、36、24、18、12、9 或 6 Mbit/s。

（3）802.11g。其工作频段为 2.4 GHz，最大数据传输速率可达 54 Mbit/s，支持 802.11g 的设备向下兼容 802.11b。

（4）802.11n。支持 2.4 GHz 和 5 GHz 两个工作频段，最大数据传输速率可达 600 Mbit/s，支持 802.11n 的设备向下兼容 802.11a/b/g。

2）Wi-Fi 无线技术

无线保真（Wireless Fidelity，Wi-Fi）在无线局域网的范畴中是指"无线相容性认证"，实质是一种商业认证，同时也是一种无线联网的技术。Wi-Fi 是一种符合 IEEE 802.11 系列协议标准，可以将笔记本式计算机、手机和 PDA 等无线设备接入网络的一种无线技术。

Wi-Fi 路由器是符合"无线相容性认证"和 IEEE 802.11 系列协议标准，通过无线电信号将移动终端与无线网络或有线网络相连接的设备，俗称"无线路由器"。Wi-Fi 路由器分为家用型和商用型，家用型体积小、功率低、配置简单且价格便宜；商用型一般集成的功能较多，方便进行网络管理。图 6-18 所示为一款 TP-LINK 的迷你型家用无线路由器 TP-WR702N，它支持 802.11n 协议，速率为 150 Mbit/s，采用 USB 接口方式供电。

图 6-18　无线路由器实例

2. 无线路由器的端口结构

无线路由器种类较多，但其端口大致相同，主要包括电源接口、复位小孔（按钮）、LAN 端口和 WAN 端口，如图 6-19 所示。其中，WAN 端口用于连接互联网；LAN 端口用于连接用户计算机；复位小孔（按钮）用于恢复出厂设置。

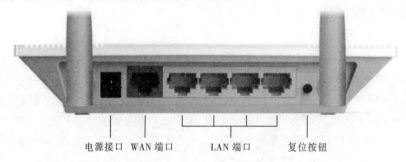

电源接口　WAN 端口　　　LAN 端口　　　复位按钮

图 6-19　无线路由器的端口

3. 无线路由器的配置步骤

无线路由器的配置包括 6 个步骤，分别为复位无线路由器、连接无线路由器、登录无线路由器、选择工作模式、设置无线参数、重启无线路由器。下面以 TL-WR702N 为例进行介绍。

1）接入点模式的配置

在接入点（Access Point，AP）模式下，无线路由器作为局域网的补充，实现了有线网络的无线接入功能，适用于酒店、学校宿舍等场所，如图 6-20 所示。

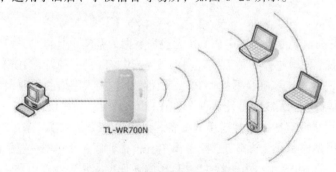

TL-WR700N

图 6-20　无线路由器 AP 模式

（1）复位无线路由器。将无线路由器连接电源，用尖状物按住复位小孔 5 s，系统状态指示灯快速闪烁 3 次后松开，路由器即恢复出厂设置。

（2）连接无线路由器。用网线将计算机连接至无线路由器。由于 TL-WR700N 默认不开启 DHCP 服务器，不能为计算机自动分配 IP 地址，所以需要配置计算机网络连接的 IP 地址，才能登录路由器的管理界面。打开"控制面板"窗口，再打开"网络连接"窗口，右击"本地连接"，选择"属性"命令，在弹出的对话框中选择"Internet 协议"复选框，单击"属性"按钮，弹出 Internet 协议属性对话框，将计算机 IP 地址设为"192.168.1.200"，子网掩码设为"255.255.255.0"，如图 6-21 所示。因为无线路由器 TL-WR702N 默认管理 IP 地址为"192.168.1.253"，计算机 IP 地址应与其在同一子网中，所以计算机 IP 地址前三段必须为"192.168.1"，最后一段在 1～252 之间即可。

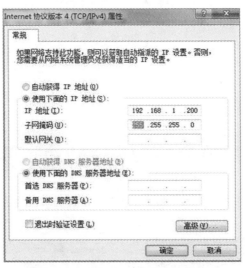

图 6-21　Internet 协议属性对话框

（3）登录无线路由器。打开浏览器，在地址栏中输入"192.168.1.253"并按 Enter 键，出现无线路由器登录页面，如图 6-22 所示。

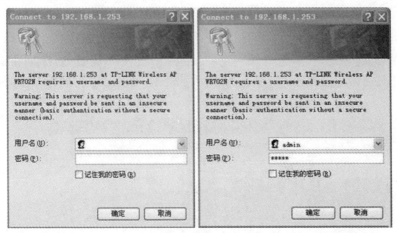

图 6-22　无线路由器登录页面

输入初始用户名和密码"admin"，单击"确定"按钮进入无线路由器管理页面，并自动启动"设置向导"，如图 6-23 所示。

图 6-23　无线路由器管理页面

（4）选择工作模式。单击"下一步"按钮，出现"工作模式"界面，选择"AP"模式（即接入点模式），如图 6-24 所示。

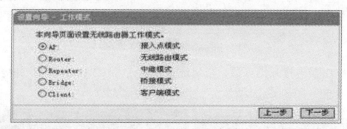

图 6-24　选择"AP"模式

（5）设置无线参数。单击"下一步"按钮，出现"无线设置"界面。选择"WPA-PSK/WPA2-PSK"加密方式，设置"SSID"为"AP_MODE"，密码为"12345678"，如图 6-25 所示。

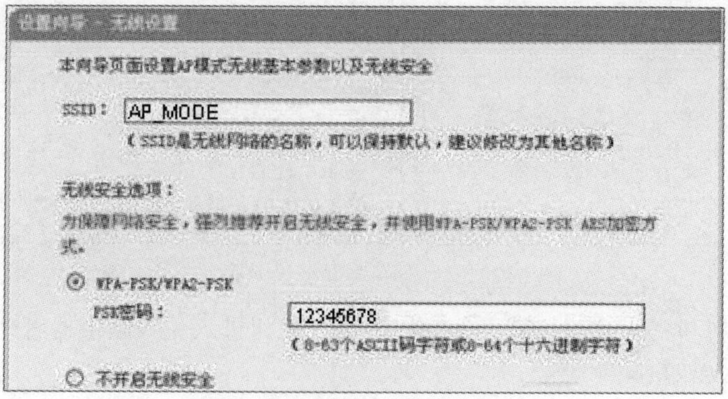

图 6-25　AP 模式的无线设置

① SSID：为服务集认证标签，即无线网络的名称，可以保持默认，建议修改为其他名称。

② 无线安全选项：为保障网络安全强烈推荐开启无线安全，并使用"WPA-PSK/WPA2-PSK"加密方式。当设置完毕并启动 Wi-Fi 服务后，无线路由器会将 SSID进行广播，用带有 Wi-Fi 功能的笔记本、手机等设备在有效范围内能够搜索到这个 SSID，可在移动设备上发起连接。若无线路由器上设置了服务密码，发起连接后会提示输入密码，输入的密码如果与路由器内设置的服务密码一致就可以建立连接并访问网络；如果选择了不开启无线安全，移动终端搜索到的 SSID 将显示为未设置安全机制的无线网络，终端设备发起Wi-Fi 连接时，无线路由器将不提示输入密码而直接与终端建立连接，这种方式通常在公共场所为了方便顾客而使用。

（6）重启无线路由器。单击"下一步"按钮，出现"重启提示"界面，单击"重启"按钮重启无线路由器，重启后路由器的设置才能生效。重启无线路由器后可通过手机等移动设备搜索到"AP_MODE"，输入密码"12345678"进行连接，如图 6-26 所示。若连接成功，则表明无线路由器 AP 模式配置正确。

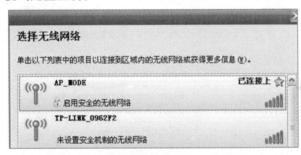

图 6-26 移动设备搜索并连接无线网络

2）无线路由模式的配置

在无线路由（Router）模式下，路由器 WAN 口连接互联网，所有客户端通过无线方式共享一条宽带线路上网，适用于普通家庭、公寓等场所，如图 6-27 所示。由于 TL-WR700N 只有一个有线接口，该接口在 Router 模式下作为 WAN 口连接互联网，计算机不能通过连接 WAN口登录路由器的管理界面，所以需要无线连接到无线路由器进行配置。也可以先将该接口作为 LAN 口连接到计算机进行设置，设置完毕后再将该接口连接到互联网作为 WAN 口使用。Router 模式配置过程中复位、连接、登录无线路由器的方法与 AP 模式相同，此处不再赘述。

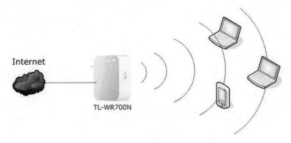

图 6-27 无线路由器 Router 模式

（1）选择工作模式。单击"下一步"按钮，出现"工作模式"界面，选择"Router"模式（即无线路由模式），如图 6-28 所示。

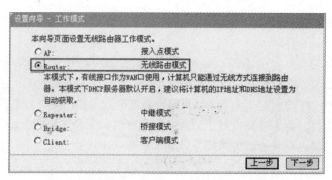

图 6-28　选择"Router"模式

（2）设置无线参数。单击"下一步"按钮，出现"无线设置"界面，选择"WPA-PSK/WPA2-PSK"加密方式；设置"SSID"为"Router_MODE"，密码为"12345678"，如图 6-29 所示。

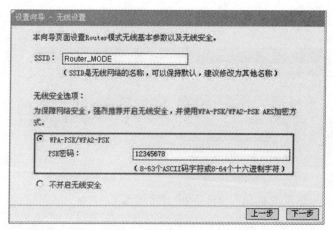

图 6-29　Router 模式的无线设置

单击"下一步"按钮，出现"上网方式"界面，选择"动态 IP"，如图 6-30 所示。

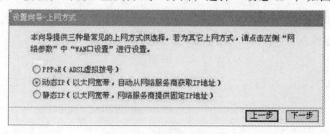

图 6-30　选择上网方式

（3）重启无线路由器。单击"下一步"按钮，出现"重启提示"界面，单击"重启"按钮重启无线路由器，重启后路由器的设置才能生效。重启无线路由器后可通过手机等移动设备搜索到"Router_MODE"，输入密码"12345678"进行连接。若连接成功，则表明无线路由器 Router 模式配置正确。

3）中继模式的配置

中继（Repeater）模式利用设备的无线接力功能，实现无线信号的中继和放大，形成新的无线覆盖区域，最终达到延伸无线网络覆盖范围的目的，适用于复式楼房、大面积场所。图 6-31 所示为无线路由器中继（Repeater）模式，图中，假设计算机 A 和 B 要访问互联网，但主设备的信号无法到达计算机 A，此时可加一个无线路由器作为从设备对主设备的信号进行中继，从而实现计算机 A 和 B 两者同时连接互联网。主设备工作于 AP 或 Router 模式，SSID 为 "AP_MODE"，密码为 "112345678"；从设备采用 TL-WR700N，工作于 Repeater 模式，配置过程中复位、连接、登录无线路由器的方法与 AP 模式相同，此处不再赘述。

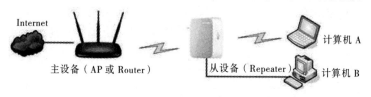

图 6-31　无线路由器 Repeater 模式

（1）选择工作模式。单击 "下一步" 按钮，出现 "工作模式" 界面，选择 "Repeater" 模式（即中继器模式），如图 6-32 所示。

（2）设置无线参数。单击 "下一步" 按钮，出现 "无线设置" 界面。单击 "扫描" 按钮，打开 "AP 列表"，找到主设备的 SSID "AP_MODE"，如图 6-33 所示。

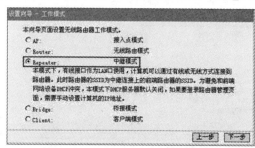

图 6-32　选择 "Repeater" 模式

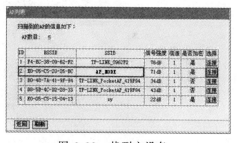

图 6-33　找到主设备

单击 "连接" 按钮返回 "无线设置" 界面，选择主设备加密方式 "WPA-PSK/WPA2-PSK"，并输入密码 "12345678"，如图 6-34 所示。

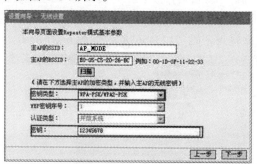

图 6-34　输入主设备密码

（3）重启无线路由器。单击 "下一步" 按钮，出现 "重启提示" 界面，单击 "重启" 按钮重启无线路由器，重启后路由器的设置才能生效。重启无线路由器后可通过手机等移动设备搜索到 "AP_MODE"，输入密码 "12345678" 进行连接。若连接成功，则表明无线路由器 Repeater 模式配置正确。

4）桥接模式的配置

桥接（Bridge）模式利用设备的桥接功能，与前端无线网络建立连接后，自身发出无线信号，形成新的无线覆盖范围，可解决信号弱和覆盖盲点的问题。Bridge 模式适用于复式楼房、大面积场所。图 6-35 所示为无线路由器桥接（Bridge）模式，假设计算机 A 和 B 要访问互联网，但主设备的信号无法到达计算机 A，此时可加一个无线路由器作为从设备对主设备的信号进行桥接，从而实现计算机 A 和 B 两者同时连接互联网。主设备工作于 AP 或 Router模式，SSID 为"AP_MODE"，密码为"112345678"；从设备采用 TL-WR700N，工作于 Bridge模式，配置过程中复位、连接、登录无线路由器的方法与 AP 模式相同，此处不再赘述。

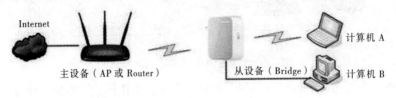

图 6-35　无线路由器 Bridge 模式

（1）选择工作模式。单击"下一步"按钮，出现"工作模式"界面，选择 Bridge 模式（即桥接模式），如图 6-36 所示。

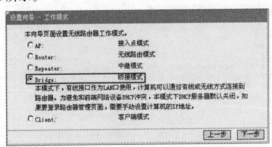

图 6-36　选择"Bridge"模式

（2）设置无线参数。单击"下一步"按钮，出现"无线设置"界面，输入从设备的 SSID"Bridge_MODE"；单击"扫描"按钮，打开"AP 列表"，找到主设备的 SSID"AP_MODE"，如图 6-33 所示。单击"连接"按钮返回"无线设置"界面，选择主设备加密方式"WPA-PSK/WPA2-PSK"，并输入密码"12345678"，如图 6-37 所示。

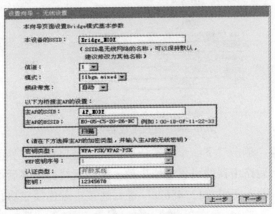

图 6-37　输入主设备密码

单击"下一步"按钮，出现"无线安全设置"界面，选择"开启无线安全"并输入从设备的密码"87654321"，如图 6-38 所示。

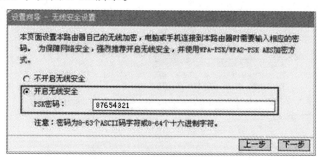

图 6-38 设置从设备的密码

（3）重启无线路由器。单击"下一步"按钮，出现"重启提示"界面，单击"重启"按钮重启无线路由器，重启后路由器的设置才能生效。重启无线路由器后可通过手机等移动设备搜索到"Bridge_MODE"，输入密码"87654321"进行连接。若连接成功，则表明无线路由器 Bridge 模式配置正确。

5）客户端模式的配置

客户端（Client）模式也称"主从模式"，工作在此模式下的无线路由器是主路由器的无线客户端，实现无线网卡的功能。Client 模式可使网络多媒体播放器、互联网电视等非移动设备通过无线方式连接到互联网。图 6-39 所示为无线路由器客户端（Client）模式，图中，主设备向上连接宽带线路，向下与终端用户实现有线或无线连接，它工作于 AP 或 Router 模式，SSID 为"AP_MODE"，密码为"112345678"；从设备采用 TL-WR700N，通过有线连接最终用户，工作于 Client 模式。对主设备而言，从设备就是一个无线终端用户，其配置过程中复位、连接、登录无线路由器的方法与 AP 模式相同，此处不再赘述。

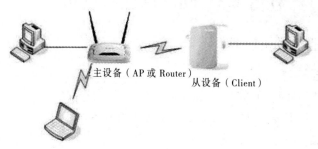

主设备（AP 或 Router）　从设备（Client）

图 6-39 无线路由器 Client 模式

（1）选择工作模式。单击"下一步"按钮，出现"工作模式"界面，选择 Client 模式（即客户端模式），如图 6-40 所示。

（2）设置无线参数。单击"下一步"按钮，出现"无线设置"界面。单击"扫描"按钮打开"AP 列表"，找到主设备的 SSID"AP_MODE"，如图 6-33 所示。单击"连接"按钮返回"无线设置"界面，选择主设备加密方式"WPA-PSK/WPA2-PSK"，并输入密码"12345678"，如图 6-41 所示。

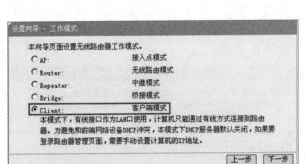

图 6-40 选择"Client"模式

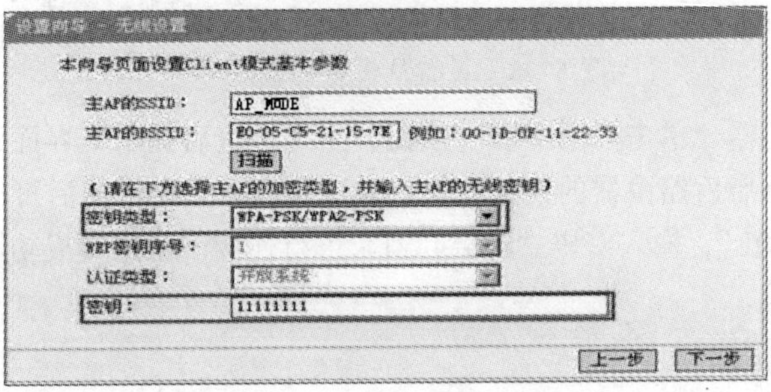

图 6-41 输入主设备密码

（3）重启无线路由器。单击"下一步"按钮，出现"重启提示"界面，单击"重启"按钮重启无线路由器，重启后路由器的设置才能生效。重启无线路由器后可通过与之相连的计算机搜索到"AP_MODE"，输入密码"12345678"进行连接。若连接成功，则表明无线路由器 Client 模式配置正确。

任务 6.3　功能调试与检测

6.3.1　调试视频监控系统功能

1. 导入原始工程

启动 Eclipse 软件，单击"File"→"Import"命令，将"老人看护系统（智能终端例程）"工程导入 Eclipse 中，具体步骤与单元 2 相同，此处不再赘述。

2. 修改工程代码

根据视频监控系统逻辑功能修改"老人看护系统（智能终端例程）" HomeVideoActivity 中的相关代码。控制网络摄像头转动的参考代码如下：

```
public boolean onTouch(View v,MotionEvent event) {
    //判断是否为按下动作
    if(event.getAction()== MotionEvent.ACTION_DOWN) {
        //判断是否按下摄像头向下转动的按钮
        if(v.getId()== upButton.getId()) {
            //驱动摄像头向下转动
            camera.ptz_control(PTZ_COMMAND.T_DOWN);}
        //判断是否按下摄像头向上转动的按钮
        if(v.getId()== downButton.getId()){
```

```
        //驱动摄像头向上转动
        camera.ptz_control(PTZ_COMMAND.T_UP);}
    //判断是否按下摄像头向左转动的按钮
    if(v.getId()== leftButton.getId()){
        //驱动摄像头向左转动
        camera.ptz_control(PTZ_COMMAND.P_RIGHT);}
    //判断是否按下摄像头向右转动的按钮
    if(v.getId()== rightButton.getId()) {
        //驱动摄像头向右转动
        camera.ptz_control(PTZ_COMMAND.P_LEFT);}
    }
    //判断是否为抬起动作
    if(event.getAction()== MotionEvent.ACTION_UP) {
        //停止摄像头转动
        camera.ptz_control(PTZ_COMMAND.PT_STOP);}
    return false;
}
```

3. 发布工程文件

在 Eclipse 软件中右击"Package Explorer"窗口中的"老人看护系统（智能终端例程）"工程，在弹出的菜单中选择"Run As"→"Android Application"命令，运行应用程序。选择实际设备，将修改后的工程文件发布到智能终端上。

6.3.2 检测视频监控系统功能

1. 测试视频采集与控制功能

（1）使用个人微机实时显示网络摄像头采集的视频图像。

（2）使用个人微机网络摄像头上下左右转动巡视场地。

（3）使用智能终端实时显示网络摄像头采集的视频图像。

（4）使用智能终端控制网络摄像头上下左右转动巡视场地。

2. 测试 LED 点阵屏显示功能

（1）使用 LED 点阵屏显示文字"视频监控系统"。

（2）使 LED 点阵屏显示的文字从左向右循环滚动。

思考与练习

1. 如何恢复网络摄像头出厂默认值，出厂默认 IP 地址和端口为多少？

2. 如何恢复无线路由器出厂默认值，出厂默认 IP 地址为多少？

3. 安装并连接视频监控系统各种设备，画出系统结构图。

4. 配置视频监控系统设备参数，填写表 6-4。

表 6-4　视频监控系统设备参数

参数名称	个人计算机	无线路由器	网络摄像机
设备型号			/////////
IP 地址			

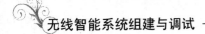

续表

参数名称	个人计算机	无线路由器	网络摄像机
端口			
登录用户名			
登录密码			

5. 调试程序实现视频监控功能，补充完整以下关键语句。（每空 5 分，共 30 分）

```
public class Configuration {
    /*描述: 串口配置*/
    public final static String DEV_NAME="/dev/ttySAC3";//串口设备文件名
    public final static long BAUD=_____;//波特率
    public final static int DATA_BITS=_____;//数据位
    public final static int STOP_BITS=1;//停止位

    /*描述: socket 通信配置信息*/
    public final static String PC_HOST="_____";//pc 端 IP
    public final static int PC_PORT=1300;//pc 端口

    /*描述: 摄像机网络配置信息*/
    public static String IPCAMERA_IP="_____";//摄像头网络 IP
    public final static String IPCAMERA_PORT="_____";//摄像头网络端口号
    public final static String IPCAMERA_USER="_____";//用户名
    public final static String IPCAMERA_PASSWORD="_____";//密码
}
```

参 考 文 献

[1] 彭扬，蒋长兵. 物联网技术与应用基础[M]. 北京：中国财富出版社，2011.

[2] 董耀华. 物联网技术与应用[M]. 上海：上海科学技术出版社，2011.

[3] 牛立成. Android 开发简明教程[M]. 北京：中国人民大学出版社，2012.

[4] 刘伟荣，何云. 物联网与无线传感器网络[M]. 北京：电子工业出版社，2013.

[5] 李旭，刘颖. 物联网通信技术[M]. 北京：北京交通大学出版社，2014.

[6] 曾宪武. 物联网导论[M]. 北京：电子工业出版社，2016.

[7] 董健. 物联网与短距离无线通信技术[M]. 北京：电子工业出版社，2016.

[8] 马洪连，朱明. 物联网工程开发与应用实例[M]. 北京：电子工业出版社，2016.

[9] 李刚. 疯狂 Android 讲义[M]. 北京：电子工业出版社，2017.

[10] 刘军. 物联网技术[M]. 北京：机械工业出版社，2017.

[11] 刘幺和，宋庭新. 物联网的最优设计和数据适配技术[M]. 北京：科学出版社，2017.

[12] 张鸿涛. 物联网关键技术及系统应用[M]. 北京：机械工业出版社，2017.

[13] 杨众杰. 物联网应用与发展研究[M]. 北京：中国纺织出版社，2018.

[14] 左斌. 物联网技术在智慧社区的应用与案例[M]. 北京：中国建筑工业出版社，2018.

[15] 王帅. 移动互联技术应用基础[M]. 北京：电子工业出版社，2018.